现代建筑消防安全管理研究

葛婧雯　宋萌萌　王　晋 ◎著

吉林科学技术出版社

图书在版编目(CIP)数据

现代建筑消防安全管理研究 / 葛婧雯, 宋萌萌, 王晋著. -- 长春 : 吉林科学技术出版社, 2022.8

ISBN 978-7-5578-9414-6

Ⅰ. ①现… Ⅱ. ①葛… ②宋… ③王… Ⅲ. ①建筑物—消防—安全管理—研究 Ⅳ. ①TU998.1

中国版本图书馆 CIP 数据核字(2022)第 113593 号

现代建筑消防安全管理研究

著　葛婧雯　宋萌萌　王　晋
出 版 人　宛　霞
责任编辑　王运哲
封面设计　北京万瑞铭图文化传媒有限公司
制　　版　北京万瑞铭图文化传媒有限公司
幅面尺寸　185mm×260mm
开　　本　16
字　　数　212 千字
印　　张　13
印　　数　1-1500 册
版　　次　2022年8月第1版
印　　次　2022年8月第1次印刷

出　　版　吉林科学技术出版社
发　　行　吉林科学技术出版社
地　　址　长春市南关区福祉大路5788号出版大厦A座
邮　　编　130118
发行部电话/传真　0431-81629529　81629530　81629531
　　81629532　81629533　81629534
储运部电话　0431-86059116
编辑部电话　0431-81629510
印　　刷　廊坊市印艺阁数字科技有限公司

书　　号　ISBN 978-7-5578-9414-6
定　　价　48.00 元

前 言

建筑消防工程是一项非常重要的工作，关系人们的生命财产安全。近年来，经济建设快速发展，物质财富急剧增多，建筑行业高速发展，火灾发生的频率越来越高，造成的损失也越来越大。建筑火灾的严重性，时刻提醒人们要加大消防工作的力度，做到防患于未然。需要更多的人掌握与消防工程相关的技术知识，尽量减少建筑火险隐患，降低火灾造成的经济损失，保障生命安全。

建筑消防主要研究火灾报警和消防联动控制系统，建筑安防技术主要研究智能安防系统、入侵报警探测技术、出入口控制技术、视频监控技术及其与其他系统的联动控制技术，它们同属于建筑物的保护系统范畴。

消防工程涉及建筑布局、建筑构造、建筑材料的燃烧特性、结构的力学行为、烟气蔓延规律、人员疏散行为、火灾探测、灭火技术的发展应用等多种专业知识，需要材料力学、结构力学、流体力学、热力学等专业基础理论，是一门与建筑学、土木工程、通风空调、给水排水、建筑电气等土建类专业均有交叉的专业理论课程。

目录

第一章 建筑消防基础知识

第一节 燃烧

一、概述

可燃物与氧气或空气进行的快速放热和发光的氧化反应，并以火焰的形式出现。煤、石油、天然气的燃烧是国民经济各个部门的主要热能动力的来源。近代对能源需求的激增和航天技术的迅速发展，促进了流体力学、化学反应动力学、传热传质学的结合，使燃烧学科有了飞跃的发展；其次，以消灭燃烧为目的的防火技术的发展也促进了燃烧理论的研究。

在燃烧过程中，燃料、氧气和燃烧产物三者之间进行着动量、热量和质量的传递，形成火焰这种有多组分浓度梯度和不等温两相流动的复杂结构。火焰内部的这些传递借层流分子转移或湍流微团转移来实现，工业燃烧装置中则以湍流微团转移为主。探索燃烧室内的速度、浓度、温度分布的规律以及它们之间的相互影响是从流体力学角度研究燃烧过程的重要内容。由于燃烧过程的复杂性，实验技术是探讨燃烧工程的主要手段。近年来发展起来的计算燃烧学，通过建立燃烧过程的物理模型对动量、能量、化学反应等微分方程组进行数值求解，从而使对燃烧设备内的流场、燃料的着火和燃烧传热过程、火焰的稳定等工程问题的研究取得明显的进展。

二、着火

即可燃物开始燃烧。可燃物必须有一定的起始能量，达到一定的温度和浓度，才能产生足够快的反应速度而着火。大多数均相可燃气体的燃烧是链式反应，活性中间物的浓度在其中起主要作用。如果链产生速度超过链中止速度，则活性中间物浓度将不断增加，经过一段时间的积累（诱导期）就会自动着火或爆炸。着火温度除与可燃混合物的特性有关外，还与周围环境的温度、压力，反应容器的形状、尺寸等向外散热的条件有关。当氧化释放的热量超过系统散失的热量时，燃料就会快速升温而着火。这种同流动和传热有密切联系的着火称为热力着火，它是多数燃料在燃烧设备内所经历的着火过程。在燃料的活性较强、燃烧系统内压力较高和散热较少的情况下，燃料的热力着火温度会变得低一些。在一定压力下，可燃物有着火浓度的低限和高限，在这个范围以外，不管温度多高都不能着火。

工程中使用得较为普遍的着火方法就是强迫着火，它是用外部能源或炽热物体如电火花、引燃火炬、高温烟气回流等点燃冷的可燃物。在点燃部位首先出现火焰，然后通过湍流混合和传热，火焰锋面逐渐扩展到整个可燃物。强迫着火是由点火源向周围可燃气体加热，因此点燃温度要高于可燃物的自燃温度。

三、火焰

（一）预混火焰

可燃气体和空气或氧气按化学当量比预先混合后燃烧时所形成的火焰，又称动力燃烧火焰。化学反应局限在很窄的火焰锋面内，以一定的速度向可燃气体传播。

是仅与可燃物特性有关的常数，其数值通常在每秒几厘米至几米的范围内。工业上的无焰燃烧就是可燃混合物在容积不大的耐火材料制成的隧道中的燃烧，具有火焰短、燃烧强度大和高温区集中等特点。

（二）层流火焰

静止或处于层流运动的可燃混合物燃烧时形成的火焰。它以正常速度扩展，火焰锋面光滑而明显，可燃气体在锋面各点的法向分速均等于正常火焰传播速度。

层流火焰和湍流火焰左边为长时间曝光照片，右边为纹影照片，上部为层流火焰，下部为湍流火焰。湍流火焰可燃混合物达到湍流工况后燃烧时所形成的火焰。工业上应用的大都是使可燃混合物从喷嘴流出的速度达到湍流工况后燃烧所形成的火焰。由于气流的脉动，湍流火焰锋面厚度比层流火焰大得多。当气流脉动速度不大且脉动微团的平均尺寸小于层流火焰锋面厚度（通常为0.01 ~ 1.0㎜）时，称为小尺度湍流火焰（雷诺数为2300 ~

6000）；这时火焰锋面呈波纹状，用湍流的物性参量代入层流火焰扩展的理论公式即可求解。当气流脉动速度不太大，但脉动微团的平均尺寸大于层流火焰锋面厚度时，称为大尺度湍流火焰（雷诺数≥6000）；此时火墙锋面弯曲得很厉害，使反应表面积大增。根据湍流火焰传播的理论，燃烧速度和火焰的锋面面积成比例，故湍流燃烧速度比层流燃烧速度大得多。如果雷诺数更高，气流脉动和湍流微团尺寸都很大，火焰锋面就被撕得四分五裂，不再以连续面出现。部分被撕裂的可燃物火焰锋面和高温烟气合并到新形成的微团内，使微团内也出现燃烧，这是湍流容积燃烧理论的设想。此时燃烧速度和气流脉动速度成比例。但实验发现湍流燃烧速度往往要比气流脉动速度大好几倍，这是因为在火焰锋面中温度剧增，气流膨胀和可燃物浓度降低导致火焰锋面内产生很大的速度、温度和浓度梯度，从而使脉动速度显著增加，使燃烧速度也相应增加。不过总地来说，湍流燃烧理论还不够成熟。

（三）扩散火焰

未经预先混合的可燃物和氧气（或空气）燃烧时形成的火焰。这种火焰锋面把可燃物和氧气分隔开，两者均需依靠浓度梯度向火焰锋面进行分子扩散和湍流扩散（见扩散），因此火焰的形状和燃烧的速度主要取决于可燃物和氧的热量、质量交换和混合的速度，而不是化学反应速度。扩散火焰可分为均相和非均相两类；前者如气体燃料的扩散燃烧形成的火焰，后者如固体或液体燃料的燃烧形成的火焰。固体燃料燃烧时，往往要经历预热、干燥、挥发成分的析出和着火、焦炭的着火和燃烧等阶段。这些阶段互有重叠，其中以焦炭燃烧所需时间为最长。温度较低时，对燃烧速度起决定作用的是化学反应速度；当温度足够高、化学反应速度已很快时，燃烧速度便取决于氧向固体燃料表面的扩散速度和燃烧产物的离去速度。

火焰的稳定为使燃烧持续，火焰锋面需稳定在某一位置上，其必要条件是可燃物向锋面流动的速度等于火焰锋面向可燃物扩展的速度。可燃物流速如果高于后者，火焰即被吹脱，此时的速度称为吹脱速度。由于工业燃烧装置中可燃物的流速大大高于火焰扩展速度，因此大多采用一些流体力学的手段来稳定火焰。常用的方法有：使用引燃火炬，不断对高速可燃气流进行点燃；设计非流线型物体作为稳燃器或使用产生高速旋转射流的燃烧器，使其后部出现低速的回流区并吸引高温燃烧产物回流以稳定火焰。

第二节 火灾

一、火灾类型

火灾根据可燃物的类型和燃烧特性，分为A、B、C、D、E、F六大类。

A类火灾：指固体物质火灾。这种物质通常具有有机物质性质，一般在燃烧时能产生灼热的余烬。如木材、干草、煤炭、棉、毛、麻、纸张、塑料（燃烧后有灰烬）等火灾。

B类火灾：指液体或可熔化的固体物质火灾。如煤油、柴油、原油、甲醇、乙醇、沥青、石蜡等火灾。

C类火灾：指气体火灾。如煤气、天然气、甲烷、乙烷、丙烷、氢气等火灾。

D类火灾：指金属火灾。如钾、钠、镁、钛、锆、锂、铝镁合金等火灾。

E类火灾：指带电火灾。物体带电燃烧的火灾。

F类火灾：指烹饪器具内的烹饪物（如动植物油脂）火灾。

二、等级划分

新的火灾等级标准由原来的特大火灾、重大火灾、一般火灾三个等级调整为特别重大火灾、重大火灾、较大火灾和一般火灾四个等级。

特别重大火灾：指造成30人以上死亡，或者100人以上重伤，或者1亿元以上直接财产损失的火灾。

重大火灾：指造成10人以上30人以下死亡，或者50人以上100人以下重伤，或者5 000万元以上1亿元以下直接财产损失的火灾。

较大火灾：指造成3人以上10人以下死亡，或者10人以上50人以下重伤，或者1 000万元以上5 000万元以下直接财产损失的火灾。

一般火灾：指造成3人以下死亡，或者10人以下重伤，或者1 000万元以下直接财产损失的火灾。

三、火灾逃生

（一）火灾自救

在火灾中，被困人员应有良好的心理素质，保持镇静，不要惊慌，不盲目地行动，选择正确的逃生方法。必须注意的是，火灾现场的温度是十分惊人的，而且烟雾会挡住你的视线。当我们在电影和电视里看到火灾场面时，一切都非常清晰，那是在火场上的浓烟以外拍摄的。当处于火灾现场时，能见度非常低，甚至在你长期居住的房间里也搞不清楚窗户和门的位置，在这种情况下，更需要保持镇静，不能惊慌。

如果您被困火灾中，您应当利用周围一切可利用的条件逃生，可以利用消防电梯、室内楼梯进行逃生，普通电梯千万不能乘坐，因为普通电梯极易断电，没有防烟功效，火灾发生时被卡在空中的可能性极大。同时，也可以利用建筑物外墙的水管进行逃生。

发生火灾后，会产生浓烟，遇到浓烟时要马上停下来，千万不要试图从烟火里出来，在浓烟中采取低姿势爬行。火灾中产生的浓烟由于热空气上升的作用，大量的浓烟将漂浮在上层，因此在火灾中离地面 30 ㎝以下的地方还应该有空气，因此，浓烟中尽量采取低姿势爬行，头部尽量贴近地面。

在浓烟中逃生，人体如果防护不当，容易将浓烟吸入人体，导致昏厥或窒息，同时眼睛也会因烟的刺激，导致刺痛而睁不开。此时，可以利用透明塑料袋，透明塑料袋不分大小都可利用，使用大型的塑料袋可将整个头罩住，并提供足量的空气供逃生之用，如果没有大型塑料袋，小的塑料袋也可以，虽然不能完全罩住头部，但也可以遮住口鼻部分，供给逃生需要的空气。使用塑料袋时，一定要充分将其完全张开，但千万别用嘴吹开，因为吹进去的气体都是二氧化碳，效果适得其反。

（二）逃生方法

每个人都在祈求平安。但天有不测风云，人有旦夕祸福。一旦火灾降临，在浓烟毒气和烈焰包围下，不少人葬身火海，也有人死里逃生幸免于难。只有绝望的人，没有绝望的处境，面对滚滚浓烟和熊熊烈焰，只有冷静机智地运用火场自救与逃生知识，就有极大可能拯救自己的机会。因此，掌握多一些火场自救的要诀，困境中也许就能获得第二次生命。

熟悉环境，暗记出口。当你处在陌生的环境时，为了自身安全，务必留心疏散通道、安全出口及楼梯方位等，以便关键时候能尽快逃离现场。请记住：在安全无事时，一定要居安思危，给自己预留一条通路。

通道出口，畅通无阻。楼梯、通道、安全出口等是火灾发生时最重要的逃生之路，应保证畅通无阻，切不可堆放杂物或设闸上锁，以便紧急时能安全迅速地通过。请记住：自断后路，必死无疑。

扑灭小火，惠及他人。当发生火灾时，如果发现火势并不大，且尚未对人造成很大威胁时，当周围有足够的消防器材，如灭火器、消防栓等，应奋力将小火控制、扑灭；千万不要惊慌失措地乱叫乱窜，置小火于不顾而酿成大灾。请记住：争分夺秒，扑灭“初期火灾”。

保持镇静，明辨方向，迅速撤离。突遇火灾，面对浓烟和烈火，首先要强令自己保持镇静，迅速判断危险地点和安全地点，决定逃生的办法，尽快撤离险地。千万不要盲目地跟从人流和相互拥挤、乱冲乱窜。撤离时要注意，朝明亮处或外面空旷地方跑，要尽量往楼层下面跑，若通道已被烟火封阻，则应背向烟火方向离开，通过阳台、气窗、天台等往室外逃生。请记住：人只有沉着镇静，才能想出好办法。

不入险地，不贪财物。身处险境，应尽快撤离，不要因害羞或顾及贵重物品，而把逃生时间浪费在寻找、搬离贵重物品上。已经逃离险境的人员，切莫重返险地，自投罗网。请记住：留得青山在，不怕没柴烧。

简易防护，蒙鼻匍匐。逃生时经过充满烟雾的路线，要防止烟雾中毒、预防窒息。为了防止火场浓烟呛入，可采用毛巾、口罩蒙鼻，匍匐撤离的办法。烟气较空气轻而飘于上部，贴近地面撤离是避免烟气吸入、滤去毒气的最佳方法。穿过烟火封锁区，应佩戴防毒面具、头盔、阻燃隔热服等护具，如果没有这些护具，那么可向头部、身上浇冷水或用湿毛巾、湿棉被、湿毯子等将头、身裹好，再冲出去。请记住：多件防护工具在手，总比赤手空拳好。

善用通道，莫入电梯。按规范标准设计建造的建筑物，都会有两条以上逃生楼梯、通道或安全出口。发生火灾时，要根据情况选择进入相对较为安全的楼梯通道。除可以利用楼梯外，还可以利用建筑物的阳台、窗台、天面屋顶等攀到周围的安全地点沿着落水管、避雷线等建筑结构中突出物滑下楼也可脱险。在高层建筑中，电梯的供电系统在火灾时随时会断电或因热的作用电梯变形而使人被困在电梯内，同时由于电梯井犹如贯通的烟囱般直通各楼层，有毒的烟雾直接威胁被困人员的生命。请记住：逃生的时候，乘电梯极危险。

缓降逃生，滑绳自救。高层、多层公共建筑内一般都设有高空缓降器或救生绳，人员可以通过这些设施安全地离开危险的楼层。如果没有这些专门设施，而安全通道又已被堵，救援人员不能及时赶到的情况下，你可以迅速利用身边的绳索或床单、窗帘、衣服等自制简易救生绳，并用水打湿从窗台或阳台沿绳缓滑到下面楼层或地面，安全逃生。请记住：胆大心细，救命绳就在身边。

避难场所，固守待援。假如用手摸房门已感到烫手，此时一旦开门，火焰与浓烟势必迎面扑来。逃生通道被切断且短时间内无人救援。这时候，可采取创造避难场所、固守待援的办法。首先应关紧迎火的门窗，打开背火的门窗，用湿毛巾、湿布塞堵门缝或用水浸湿棉被蒙上门窗然后不停用水淋透房间，防止烟火渗入，固守在房内，直到救援人员到达。请记住：坚盾何惧利矛？

缓晃轻抛，寻求援助。被烟火围困暂时无法逃离的人员，应尽量待在阳台、窗口等易于被人发现和能避免烟火近身的地方。在白天，可以向窗外晃动鲜艳衣物，或外抛轻型晃眼的东西；在晚上即可以用手电筒不停地在窗口闪动或者敲击东西，及时发出有效的求救信号，引起救援者的注意。请记住：充分暴露自己，才能争取有效拯救自己。

火已及身，切勿惊跑。火场上的人如果发现身上着了火，千万不可惊跑或用手拍打。当身上衣服着火时，应赶紧设法脱掉衣服或就地打滚，压灭火苗；能及时跳进水中或让人向身上浇水、喷灭火剂就更有效了。请记住：就地打滚虽狼狈，烈火焚身可免除。

跳楼有术，虽损求生。跳楼逃生，也是一个逃生办法，但应该注意的是：只有消防队员准备好救生气垫并指挥跳楼时或楼层不高（一般4层以下），非跳楼即烧死的情况下，才采取跳楼的方法。跳楼也要讲技巧，跳楼时应尽量往救生气垫中部跳或选择有水池、软雨篷、草地等方向跳；如有可能，要尽量抱些棉被、沙发垫等松软物品或打开大雨伞跳下，以减缓冲击力。如果徒手跳楼一定要扒窗台或阳台使身体自然下垂跳下，以尽量降低垂直距离，落地前要双手抱紧头部身体弯曲蜷成一团，以减少伤害。请记住：跳楼不等于自杀，关键是要有办法。

身处险境，自救莫忘救他人。任何人发现火灾，都应尽快拨打“119”电话呼救，及时向消防队报火警。火场中的儿童和老弱病残者，他们本人不具备或者丧失了自救能力，在场的其他人除自救外，还应当积极救助他们尽快逃离险境。

每个人对自己工作、学习或居住所在的建筑物的结构及逃生路径要做到了然于胸，必要时可集中组织应急逃生预演，使大家熟悉建筑物内的消防设施及自救逃生的方法。这样，火灾发生时，就不会觉得走投无路了。

第三节 爆炸

一、概念

在较短时间和较小空间内，能量从一种形式向另一种或几种形式转化并伴有强烈机械效应的过程。普通炸药爆炸是化学能向机械能的转化；核爆炸是原子核反应的能量向机械能的转化；这时在短时间内会聚集大量的热量，使气体体积迅速膨胀，就会引起爆炸。

爆炸是一种极为迅速的物理或化学的能量释放过程。在此过程中，空间内的物质以极快的速度把其内部所含有的能量释放出来，转变成机械功、光和热等能量形态。所以一旦失控，发生爆炸事故，就会产生巨大的破坏作用。爆炸发生破坏作用的根本原因是构成爆炸的体系内存有高压气体或在爆炸瞬间生成的高温高压气体。爆炸体系和它周围的介质之间发生急剧的压力突变是爆炸的最重要特征，这种压力差的急剧变化是产生爆炸破坏作用的直接原因。

爆炸是某一物质系统在发生迅速的物理变化或化学反应时，系统本身的能量借助于气体的急剧膨胀而转化为对周围介质做机械功，通常同时伴随有强烈放热、发光和声响的效应。

二、分类

（一）按初始能量分

1. 物理爆炸

物理性爆炸是由物理变化（温度、体积和压力等因素）引起的，在爆炸的前后，爆炸物质的性质及化学成分均不改变。

锅炉的爆炸是典型的物理性爆炸，其原因是过热的水迅速蒸发出大量蒸汽，使蒸汽压力不断提高，当压力超过锅炉的极限强度时，就会发生爆炸。

又如，氧气钢瓶受热升温，引起气体压力增高，当压力超过钢瓶的极限强度时即发生爆炸。发生物理性爆炸时，气体或蒸汽等介质潜藏的能量在瞬间释放出来，会造成巨大的破坏和伤害。上述这些物理性爆炸是蒸汽和气体膨胀力作用的瞬时表现，它们的破坏性取决于蒸汽或气体的压力。

2. 化学爆炸

（1）爆炸的反应速度非常快

由于反应速度极快，瞬间释放出的能量来不及散失而高度集中，所以有极大的破坏作用。气体混合物爆炸时的反应速度比爆炸物品的爆炸速度要慢得多，数百分之一至数十秒内完成，所以爆炸功率要小得多。

（2）反应放出大量的热

爆炸时反应热一般为 2 900 ~ 6 300kJ/kg，可产生 2 400℃ ~ 3 400℃的高温。气态产物依靠反应热被加热到数千度，压力可达数万个兆帕，能量最后转化为机械功，使周围介质受到压缩或破坏。气体混合物爆炸后，也有大量热量产生，但温度很少超过 1 000℃。

（3）反应生成大量的气体产物

1kg 炸药爆炸时能产生 700 ~ 1 000L 气体，由于反应热的作用，气体急剧膨胀，但又处于压缩状态，数万个兆帕压力形成强大的冲击波使周围介质受到严重破坏。气体混合物爆炸虽然也放出气体产物，但是相对来说气体量要少，而且因爆炸速度较慢，压力很少超过 2MPa。

3. 核爆炸

核爆炸是剧烈核反应中能量迅速释放的结果，可能是由核裂变、核聚变或者是这两者的多级串联组合所引发。

根据爆炸时的化学变化，爆炸可分为四类。

（1）简单分解爆炸

这类爆炸没有燃烧现象，爆炸时所需要的能量由爆炸物本身分解产生。属于这类物质的有叠氮铅、雷汞、雷银、三氯化氮、三碘化氮、三硫化二氮、乙炔银、乙炔铜等。这类物质是非常危险的，受轻微震动就会发生爆炸，如叠氮铅的分解爆炸反应为。

（2）复杂分解爆炸

这类爆炸伴有燃烧现象，燃烧所需要的氧由爆炸物自身分解供给。所有炸药如三硝基甲苯、三硝基苯酚、硝化甘油、黑色火药等均属于此类。

1kg 硝化甘油炸药的分解热为 6 688kJ，温度可达 4 697℃，爆炸瞬间体积可增大 1.6 万倍，速度达 8 625m/s，故能产生强大的破坏力。这类爆炸物的危险性与简单分解爆炸物相比，危险性稍小。

（3）爆炸性混合物的爆炸

可燃气体、蒸气或粉尘与空气（或氧）混合后，形成爆炸性混合物，这类爆炸的爆炸破坏力虽然比前两类小，但实际危险要比前两类大，这是由于石油化工生产形成爆炸性混合物的机会多，而且往往不易察觉。因此，石油化工生产的防火防爆是安全工作一项十分重要的内容。爆炸混合物的爆炸需要有一定的条件，即可燃物与空气或氧达到一定的混合浓度，并具有一定的激发能量。此激发能量来自明火、电火花、静电放电或其他能源。

爆炸混合物可分为以下几种。

①气体混合物

如甲烷、氢、乙炔、一氧化碳、烯烃等可燃气体与空气或氧形成的混合物。

②蒸气混合物

如汽油、苯、乙醚、甲醇等可燃液体的蒸气与空气或氧形成的混合物。

③粉尘混合物

如铝粉尘、硫黄粉尘、煤粉尘、有机粉尘等与空气或氧气形成的混合物。

④遇水爆炸的固体物质

如钾、钠、碳化钙、三异丁基铝等与水接触，产生的可燃气体与空气或氧气混合形成爆炸性混合物。

（4）分解爆炸性气体的爆炸

分解爆炸性气体分解时产生相当数量的热量，当物质的分解热为 80kJ/mol 以上时，在激发能源的作用下，火焰就能迅速地传播开来，其爆炸是相当激烈的。在一定压力下容易引起该种物质的分解爆炸，当压力降到某个数值时，火焰便不能传播，这个压力称为分解爆炸的临界压力。如乙炔分解爆炸的临界压力为 0.137MPa，在此压力下储存装瓶是安全的，但是若有强大的点火能源，即使在常压下也具有爆炸危险。

爆炸性混合物与火源接触，便有自由基生成，成为链锁反应的作用中心，点火后，热以及链锁载体都向外传播，促使邻近一层的混合物起化学反应，然后这一层又成为热和链锁载体源泉而引起另一层混合物的反应。在距离火源 0.5 ~ 1m 处，火焰速度只有每秒若干米或者还要小一些，但以后即逐渐加速，到每秒数百米（爆炸）以至数千米（爆轰），若火焰扩散的路程上有障碍物，则由于气体温度的上升及由此而引起的压力急剧增加，可造成极大的破坏作用。

（二）按反应相分

按照爆炸反应的相的不同，爆炸可分为气相爆炸、液相爆炸和固相爆炸。

1. 气相爆炸

包括可燃性气体和助燃性气体混合物的爆炸；气体的分解爆炸；液体被喷成雾状物引起的爆炸；飞扬悬浮于空气中的可燃粉尘引起的爆炸等。

2. 液相爆炸

包括聚合爆炸、蒸发爆炸以及由不同液体混合所引起的爆炸。例如，硝酸和油脂，液氧和煤粉等混合时引起的爆炸；熔融的矿渣与水接触或钢水包与水接触时，由于过热发生快速蒸发引起的蒸汽爆炸等。

3. 固相爆炸

包括爆炸性化合物及其他爆炸性物质的爆炸（如乙炔铜的爆炸）；导线因电流过载，由于过热，金属迅速气化而引起的爆炸等。

（三）按燃烧速度分

1. 轻爆

物质爆炸时的燃烧速度为每秒数米，爆炸时无多大破坏力，声响也不太大。如无烟火药在空气中的快速燃烧，可燃气体混合物在接近爆炸浓度上限或下限时的爆炸即属于此类。

2. 爆炸

物质爆炸时的燃烧速度为每秒十几米至数百米，爆炸时能在爆炸点引起压力激增，有较大的破坏力，有震耳的声响。可燃性气体混合物在多数情况下的爆炸，以及火药遇火源引起的爆炸等即属于此类。

3. 爆轰

物质爆炸的燃烧速度为爆轰时能在爆炸点突然引起极高压力，并产生超音速的“冲击波”。由于在极短时间内发生的燃烧产物急速膨胀，像活塞一样挤压其周围气体，反应所产生的能量有一部分传给被压缩的气体层，于是形成的冲击波由它本身的能量所支持，迅速传播并能远离爆轰的发源地而独立存在，同时可引起该处的其他爆炸性气体混合物或炸药发生爆炸，从而发生一种“殉爆”现象。

三、必备条件

爆炸必须具备的五个条件：①提供能量的可燃性物质，即爆炸性物质：能与氧气（空气）反应的物质，包括气体、液体和固体。气体：氢气、乙炔、甲烷等；液体：酒精、汽油；固体：粉尘、纤维粉尘等。②辅助燃烧的助燃剂（氧化剂）如氧气、空气。③可燃物质与助燃剂的均匀混合。④混合物放在相对封闭的空间（包围体）。⑤有足够能量的点燃源：包括明火、电气火花、机械火花、静电火花、高温、化学反应、光能等。

四、反应过程

爆炸是物质非常迅速的化学或物理变化过程，在变化过程里迅速地放出巨大的热量，并生成大量的气体，此时的气体由于瞬间尚存在于有限的空间内，故有极大的压强，对爆炸点周围的物体产生了强烈的压力，当高压气体迅速膨胀时形成爆炸。

物质的一种非常急剧的物理—化学变化，一种在限制状态下系统潜能突然释放并转化为动能而对周围介质发生作用的过程。分为物理爆炸和化学爆炸。核炸药爆炸兼有二者，常规炸药的爆炸则均属于化学爆炸，反应的放热性、快速性和反应生成大量气体是决定化学爆炸变化的三个重要因素——放热提供能源；快速保证在尽可能短的时间内释放能量，构成高功率；气体则是做功介质。炸药的爆炸变化分为爆燃和爆轰，前者是火药释放潜能的典型形式，后者是炸药释放潜能的典型形式。

爆炸就是指物质的物理或化学变化，在变化的过程中，伴随有能量的快速转化，内能转化为机械压缩能，且使原来的物质或其变化产物、周围介质产生运动。爆炸可分为三类：由物理原因引起的爆炸称为物理爆炸（如压力容器爆炸）；由化学反应释放能量引起的爆炸称为化学爆炸（如炸药爆炸）；由于物质的核能的释放引起的爆炸称为核爆炸（如原子弹爆炸）。民用爆破器材行业所牵涉的爆炸过程主要就是化学爆炸。

均相的燃气——空气混合物在密闭的容器内局部着火时，由于燃烧反应的传热和高温燃烧产物的热膨胀，容器内的压力急剧增加，从而压缩未燃的混合气体，使未燃气体处于绝热压缩状态，当未燃气体达到着火温度时，容器内的全部混合物就在一瞬间完全燃尽，容器内的压力猛然增大，产生强大的冲击波，这种现象称为爆炸。

空气和可燃性气体的混合气体的爆炸，空气和煤屑或面粉的混合物的爆炸，氧气和氢气的混合气体的爆炸等，都是由化学反应引起的，而且这些反应都是氧化反应。但是爆炸并不都是跟氧气起反应，如氯气和氢气的混合气体的爆炸就是一个例子。同时，爆炸也并不都是化学反应引起的，有些爆炸仅仅是一个物理过程，如违章操作时蒸汽锅炉的爆炸。

第四节　易燃易爆危险品

一、分类

由于某一化学危险物品往往具有多种危险性，因此在具体分类过程中，掌握“择重入列”的原则，即根据各该化学物品特性中的主要危险性，确定其归于哪一类。

毒害品和腐蚀品就其分类名称来看，似与防火关系不大，其实不然。首先这两类化学物品大多数是有机化合物，而绝大多数以碳、氢为母体的有机化合物均为可燃、易燃物，这是有机化合物的特性之一。大多数有机毒害品不但有毒性，而且易燃烧，有的燃点还很低，但因其毒性较突出故列入毒害品；也有剧毒的有机化合物因其燃烧的危险性更大而列入易燃液体类；有机腐蚀品中同时具有腐蚀性和易燃性的也很多，亦因其腐蚀性比较显著而列入腐蚀品。再看这两类中的无机化合物，有的本身虽不燃，但因同时具有氧化作用（如硝酸、高氯酸、双氧水、漂白粉等），能促进使可燃、易燃物燃烧甚至爆炸；或因遇酸分解放出易燃、剧毒气体（如氰化物等）；或因遇水分，酸类产生剧毒亦能自燃的气体（如磷的金属化合物等），都直接或间接与防火有关。此外，有些化学品如剧毒的氰化氢、液氯，易燃的氢、液态烃气，助燃的压缩空气、氧气，不燃低毒的多种制冷剂氟利昂，甚至不燃无毒的二氧化碳、氮等，都必须储存在耐压钢瓶中，一旦钢瓶受热，瓶内压力增大，就有引起燃烧爆炸的危险，所以不管它原来具有哪些特性，一概列入化学危险物品的压缩气体和液化气体类。

二、造成灾难

易燃易爆化学物品具有较大的火灾危险性，一旦发生灾害事故，往往危害大、影响大、损失大，扑救困难等，造成损失资金、摧毁房屋等伤害。大量的事实和血的教训告诉我们，从事易燃易爆化学物品的生产、使用、储存、经营、运输的单位、个人必须树立“安全第一”的思想，掌握其特性和必需的防火灭火知识。

三、特性

（一）易燃烧爆炸

在《易燃易爆化学物品消防安全监督管理品名表》中列举的压缩气体和液化气体，超过半数是易燃气体，易燃气体的主要危险特性就是易燃易爆，处于燃烧浓度范围之内的易燃气体，遇着火源都能着火或爆炸，有的甚至只需极微小能量就可燃爆。易燃气体与易燃液体、固体相比，更容易燃烧，且燃烧速度快，一燃即尽。简单成分组成的气体比复杂成分组成的气体易燃、燃速快、火焰温度高、着火爆炸危险性大。氢气、一氧化碳、甲烷的爆炸极限的范围分别为：4.1% ~ 74.2%、12.5% ~ 74%、5.3% ~ 15%。同时，由于充装容器为压力容器，受热或在火场上受热辐射时还易发生物理性爆炸。

（二）扩散性

压缩气体和液化气体由于气体的分子间距大，相互作用力小，所以非常容易扩散，能自发地充满任何容器。气体的扩散性受比重影响：比空气轻的气体在空气中可以无限制地扩散，易与空气形成爆炸性混合物；比空气重的气体扩散后，往往聚集在地表、沟渠、隧道、厂房死角等处，长时间不散，遇着火源发生燃烧或爆炸。掌握气体的比重及其扩散性，对指导消防监督检查，评定火灾危险性大小，确定防火间距，选择通风口的位置都有实际意义。

（三）可缩性和膨胀性

压缩气体和液化气体的热胀冷缩比液体、固体大得多，其体积随温度升降而胀缩。因此容器（钢瓶）在储存、运输和使用过程中，要注意防火、防晒、隔热，在向容器（钢瓶）内充装气体时，要注意极限温度压力，严格控制充装，防止超装、超温、超压造成事故。

（四）静电性

压缩气体和液化气体从管口或破损处高速喷出时，由于强烈的摩擦作用，会产生静电。带电性也是评定压缩气体和液化气体火灾危险性的参数之一，掌握其带电性有助于在实际消防监督检查中，指导检查设备接地、流速控制等防范措施是否落实。

（五）腐蚀毒害性

主要是一些含氢、硫元素的气体具有腐蚀作用。如氢、氨、硫化氢等都能腐蚀设备，严重时可导致设备裂缝、漏气。对这类气体的容器，要采取一定的防腐措施，要定期检验其耐压强度，以防万一。压缩气体和液化气体，除了氧气和压缩空气外，大都具有一定的毒害性。

（六）窒息性

压缩气体和液化气体都有一定的窒息性（氧气和压缩空气除外）。易燃易爆性和毒害性易引起注意，而窒息性往往被忽视，尤其是那些不燃无毒气体，如二氧化碳、氮气、氦、氩等惰性气体，一旦发生泄漏，均能使人窒息死亡。

（七）氧化性

压缩气体和液化气体的氧化性主要有两种情况：一种是明确列为助燃气体的，如：氧气、压缩空气、一氧化二氮；一种是列为有毒气体，本身不燃，但氧化性很强，与可燃气体混合后能发生燃烧或爆炸的气体，如氯气与乙炔混合即可爆炸，氯气与氢气混合见光可爆炸，氟气遇氢气即爆炸，油脂接触氧气能自燃，铁在氧气、氯气中也能燃烧。因此，在消防监督中不能忽视气体的氧化性，尤其是列为有毒气体的氯气、氟气，除了注意其毒害性外，还应注意其氧化性，在储存、运输和使用中要与其他可燃气体分开。

四、安全防范

第一，危险品库房、实验室、锅炉房、配电房、配气房、车库、食堂等要害部位，非工作人员未经批准严禁入内。

第二，各种安全防护装置、照明、信号、监测仪表、警戒标记、防雷、报警装置等设备要定期检查，不得随意拆除和非法占用。

第三，易燃易爆、剧毒、放射、腐蚀和性质相抵触的各类物品，必须分类妥善存放，严格管理，保持通风良好，并设置明显标志。仓库及易燃易爆粉尘和气体场所使用防爆灯具。

第四，木刨花、实验剩余物应及时清出，放在指定地点。

第五，易燃易爆，化学物品必须专人保管，保管员要详细核对产品名称、规格、牌号、质量、数量，查清危险性质。遇有包装不良、质量异变、标号不符合等情况，应及时进行安全处理。

第六，忌水、忌沫、忌晒的化学危险品，不准在露天、低温、高温处存放。容器包装要密闭，完整无损。

第七，易燃易爆化学危险品库房周围严禁吸烟和明火作业。库房内物品应保持一定的间距。

第八，凡用玻璃容器盛装的化学危险品，必须采用木箱搬运。严防撞击、振动、摩擦、重压和倾斜。

第九，进行定期和不定期的安全检查，查出隐患，要及时整改和上报。如发现不安全的紧急情况，应先停止工作，再报有关部门研究处理。

第二章 建筑防火

第一节 民用建筑

一、建筑分类和耐火等级

（一）民用建筑

根据其建筑高度和层数可分为单、多层民用建筑和高层民用建筑。高层民用建筑根据其建筑高度、使用功能和楼层的建筑面积可分为一类和二类。民用建筑的分类应符合表1的规定。

表1 民用建筑分类

名称	高层民用建筑		单、多层民用建筑
	一类	二类	
住宅建筑	建筑高度大于54m的住宅建筑（包括设置商业服务网点的住宅建筑）	建筑高度大于27m，但不大于54m的住宅建筑（包括设置商业服务网点的住宅建筑）	建筑高度不大于27m的住宅建筑（包括设置商业服务网点的住宅建筑）
公共建筑	1. 建筑高度大于50m的公共建筑 2. 任一楼层建筑面积大于1000m的商店、展览、电信、邮政、财贸金融建筑和其他多种功能组合的建筑 3. 医疗建筑、重要公共建筑 4省级及以上的广播电视和防灾指挥调度建筑、网局级和省级电力调度 5. 藏书超过100万册的图书馆	除住宅建筑和一类高层公共建筑外的其他高层民用建筑	1. 建筑高度大于24m的单层公共建筑。 2. 建筑高度不大于24m的其他民用建筑

（二）民用建筑的耐火等级

可分为一、二、三、四级。除本规范另有规定外，不同耐火等级建筑相应构件的燃烧性能和耐火极限不应低于表2的规定。

表2 不同耐火等级建筑相应构件的燃烧性能和耐火极限（h）

构件名称 一级	耐火等级			
	二级	三级	四级	
防火墙	不燃性 3.00	不燃性 3.00	不燃性 3.00	不燃性 3.00

承重墙	不燃性 3.00	不燃性 2.50	不燃性 2.00	难燃性 0.50
非承重外墙	不燃性 1.00	不燃性 1.00	不燃性 0.50	可燃性
楼梯间和前室的墙 电梯井的墙 住宅建筑单元之间的墙和分户隔墙	不燃性 2.00	不燃性 2.00	不燃性 1.50	难燃性 0.50
疏散走道两侧的隔墙	不燃性 1.00	不燃性 0.50	不燃性 0.50	难燃性 0.25
房间隔墙	不燃性 3.00	不燃性 3.00	不燃性 3.00	难燃性 0.25
柱	不燃性 3.00	不燃性 2.50	不燃性 2.00	难燃性 0.50
梁	不燃性 2.00	不燃性 1.50	不燃性 1.00	难燃性 0.50
楼板	不燃性 1.50	不燃性 1.00	不燃性 0.50	可燃性
屋顶承重构件	不燃性 1.50	不燃性 1.00	不燃性 0.50	可燃性
疏散楼梯	不燃性 1.50	不燃性 1.00	不燃性 0.50	可燃性
吊顶（包括吊顶格栅）	不燃性 0.25	难燃性 0.25	难燃性 0.15	可燃性

（三）建筑耐火等级

民用建筑的耐火等级应根据其建筑高度、使用功能、重要性和火灾扑救难度等确定，并应符合下列规定：

地下或半地下建筑（室）和一类高层建筑的耐火等级不应低于一级；

单、多层重要公共建筑和二类高层建筑的耐火等级不应低于二级。

（四）楼板

建筑高度大于 100m 的民用建筑，其楼板的耐火极限不应低于 2.00h。

一、二级耐火等级建筑的上人平屋顶，其屋面板的耐火极限分别不应低于 1.50h 和 1.00h。

（五）屋面板

一、二级耐火等级建筑的屋面板应采用不燃材料，屋面防水层宜采用不燃、难燃材料，当采用可燃防水材料且铺设在可燃、难燃保温材料上时，防水材料或可燃、难燃保温材料应采用不燃材料做保护层。

（六）房间隔墙

二级耐火等级建筑内采用难燃性墙体的房间隔墙，其耐火极限不应低于 0.75h；当房间的建筑面积不大于 100 ㎡时，房间的隔墙可采用耐火极限不低于 0.50h 的难燃性墙体或耐火极限不低于 0.30h 的不燃性墙体。

二级耐火等级多层住宅建筑内采用预应力钢筋混凝土的楼板，其耐火极限不应低于 0.75h。

（七）芯材

建筑中非承重外墙、房间隔墙和屋面板，当确需采用金属夹芯板材时，其芯材应为不燃材料，且耐火极限应符合本规范有关规定。

（八）吊顶

二级耐火等级建筑内采用不燃材料的吊顶，其耐火极限不限。

三级耐火等级的医疗建筑、中小学校的教学建筑、老年人建筑及托儿所、幼儿园的儿童用房和儿童游乐厅等儿童活动场所的吊顶，应采用不燃材料；当采用难燃材料时，其耐火极限不应低于 0.25h。二、三级耐火等级建筑中门厅、走道的吊顶应采用不燃材料。

（九）混凝土节点

建筑内预制钢筋混凝土构件的节点外露部位，应采取防火保护措施，且节点的耐火极限不应低于相应构件的耐火极限。

二、总平面布局

（一）建筑的位置

在总平面布局中，应合理确定建筑的位置、防火间距、消防车道和消防水源等，不宜将民用建筑布置在甲乙类厂（库）房，甲乙丙类液体储罐，可燃气体储罐和可燃材料堆场附近。

（二）民用建筑等之间的防火间距

民用建筑等之间的防火间距不应小于表 3 的规定，与其他建筑之间的防火间距，除应符合本节规定外，尚应符合本规范其他章的规定。

表 3 民用建筑之间的防火间距（m）

建筑类别 一、二级		高层民用建筑	裙房和其他民用建筑		
		一二级	三级	四级	
高层民用建筑	一、二级	13	9	11	14
裙房和其他民用建筑	一、二级	9	6	7	9
	三级	11	7	8	10
	四级	14	9	10	12

（三）防火间距（民用建筑与单独建造的变电站）

民用建筑与单独建造的变电站的防火间距应符合 GB50016-2014《建筑

设计防火规范》规范第 3.4.1 条有关室外变、配电站的规定，但与单独建造的终端变电站的防火间距，可根据变电站的耐火等级按本规范第二（二）条有关民用建筑的规定确定。

民用建筑与 10kV 及以下的预装式变电站的防火间距不应小于 3m。

民用建筑与燃油、燃气或燃煤锅炉房的防火间距应符合 GB50016-2014《建筑设计防火规范》第 3.4.1 条有关丁类厂房的规定，但与单台蒸汽锅炉的蒸发量不大于 4th 或单台热水锅炉的额定热功率不大于 2.8MW 的燃煤锅炉房的防火间距，可根据锅炉房的耐火等级按本规范第二（二）条有关民用建筑的规定确定。

（四）成组布置

除高层民用建筑外，数座一、二级耐火等级的住宅建筑或办公建筑，当建筑物的占地面积总和不大于 2500 ㎡时，可成组布置，但组内建筑物之间的间距不宜小于 4m。组与组或组与相邻建筑物的防火间距不应小于本规范第二（二）条的规定。

（五）与燃气调压站间距

民用建筑与燃气调压站、液化石油气气化站或混气站、城市液化石油气供应站瓶库等的防火间距，应符合现行国家标准《城镇燃气设计规范》GB50028-2006 的规定。

（六）建筑高度

建筑高度大于 100m 的民用建筑与相邻建筑的防火间距，当符合 GB50016-2014《建筑设计防火规范》中第 3.4.5 条、第 3.5.3 条、第 4.2.1 条和第 5.2.2 条允许减小的条件时，仍不应减小。

三、防火分区和层数

（一）防火分区

除本规范另有规定外，不同耐火等级建筑的允许建筑高度或层数、防火分区最大允许建筑面积应符合表 4 的规定。

表 4 不同耐火等级民用建筑的允许建筑高度或层数、防火分区最大允许建筑面积

名称	耐火等级	允许建筑高度或层数	防火分区的最大允许建筑面积（㎡）	备注
高层民用建筑	一、二级	按本规范一（一）.条确定	1500	对于体育馆、剧场的观众厅，防火分区的最大允许建筑面积可适当增加
单、多层民用建筑	一、二级	按本规范一（一）.条确定	2500	
	三级	5层	1200	
	四级	2层	600	
地下或半地下建筑	一级	–	500	设备用房的防火分区最大允许建筑面积不应大于1000 ㎡。

（二）中庭

建筑内设置自动扶梯、敞开楼梯等上下层相联通的开口时，其防火分区的建筑面积应按上下层联通的建筑面积叠加计算；当叠加计算后的建筑面积大于第三（一）条的规定时，应划分防火分区。

建筑内设置中庭时，其防火分区的建筑面积应按上、下层相连通的建筑面积叠加计算；当叠加计算后的建筑面积大于本规范第三（一）条的规定时，应符合下列规定：

1. 与周围连通空间应进行防火分隔：采用防火隔墙时，其耐火极限不应低于 1.00h；采用防火玻璃墙时，其耐火隔热性和耐火完整性不应低于 1.00h，采用耐火完整性不低于 1.00h 的非隔热性防火玻璃墙时，应设置自动喷水灭火系统进行保护；采用防火卷帘时，其耐火极限不应低于 3.00h，并应符合 GB50016-2014《建筑设计防火规范》第 6.5.3 条的规定：与中庭相连通的门、窗，应采用火灾时能自行关闭的甲级防火门、窗；

2. 高层建筑内的中庭回廊应设置自动喷水灭火系统和火灾自动报警系统；

3. 中庭应设置排烟设施；

4. 中庭内不应布置可燃物。

（三）防火卷帘

防火分区之间应采用防火墙分隔，确有困难时，可采用防火卷帘等防火分隔设施分隔。采用防火卷帘分隔时，应符合 GB50016-2014《建筑设计防火规范》第 6.5.3 条的规定。

（四）营业厅、展览厅

一、二级耐火等级建筑内的商店营业厅、展览厅，当设置自动灭火系统和火灾自动报警系统并采用不燃或难燃装修材料时，其每个防火分区的最大允许建筑面积应符合下列规定：

1. 设置在高层建筑内时，不应大于 4 000 ㎡；

2. 设置在单层建筑或仅设置在多层建筑的首层内时，不应大于 10 000 ㎡；

3. 设置在地下或半地下时，不应大于 2 000 ㎡。

（五）地下商店

总建筑面积大于 20 000 ㎡的地下或半地下商店，应采用无门、窗、洞口的防火墙，耐火极限不低于 2.00n 的楼板分隔为多个建筑面积不大于 20 000 ㎡的区域。相邻区域确需局部连通时，应采用下沉式广场等室外开敞空间、防火隔间、避难走道、防烟楼梯间等方式进行连通，并应符合下列规定：

1. 下沉式广场等室外开敞空间应能防止相邻区域的火灾蔓延和便于安全疏散，并应符合 GB50016-2014《建筑设计防火规范》第 6.4.12 条的规定；

2. 防火隔间的墙应为耐火极限不低于 3.00h 的防火隔墙，并应符合 GB50016-2014《建筑设计防火规范》第 6.4.13 条规定；

3. 避难走道应符合 GB50016-2014《建筑设计防火规范》第 6.4.14 条规定；

4. 防烟楼梯间的门应采用甲级防火门。

（六）有顶棚的步行街

餐饮、商店等商业设施通过有顶棚的步行街连接，且步行街两侧的建筑需利用步行街进行安全疏散时，应符合下列规定：

1. 步行街两侧建筑的耐火等级不应低于二级；

2. 步行街两侧建筑相对面的最近距离均不应小于本规范对相应高度建筑的防火间距要求且不应小于 9m。步行街的端部在各层均不宜封闭，确需封闭时，应在外墙上设置可开启的门窗，且可开启门窗的面积不应小于该部位外墙面积的一半。步行街的长度不宜大于 300m；

3. 步行街两侧建筑的商铺之间应设置耐火极限不低于 2.00h 的防火隔墙，每间商铺的建筑面积不宜大于 300 ㎡；

4. 步行街两侧建筑的商铺，其面向步行街一侧的围护构件的耐火极限不应低于1.00h，宜采用实体墙，其门、窗应采用乙级防火门、窗；当采用防火玻璃墙（包括门、窗）时，其耐火隔热性和耐火完整性不应低于1.00h；当采用耐火完整性不低于1.00h的非隔热性防火玻璃墙（包括门、窗）时，应设置闭式自动喷水灭火系统进行保护。相邻商铺之间面向步行街一侧应设置宽度不小于1.0m、耐火极限不低于1.00h的实体墙。

当步行街两侧的建筑为多个楼层时，每层面向步行街一侧的商铺均应设置防止火灾竖向蔓延的措施，并应符合GB50016–2014《建筑设计防火规范》第6.2.5_条规定；设置回廊或挑檐时，其出挑宽度不应小于1.2m；步行街两侧的商铺在上部各层需设置回廊和连接天桥时，应保证步行街上部各层的开口面积不应小于步行街地面面积的37%，且开口宜均匀布置；

5. 步行街两侧建筑内的疏散楼梯应靠外墙设置并宜直通室外，确有困难时，可在首层直接通至步行街；首层商铺的疏散门可直接通至步行街，步行街内任一点到达最近室外安全地点的步行距离不应大于60m。步行街两侧建筑二层及以上各层商铺的疏散门至该层最近疏散楼梯口或其他安全出口的直线距离不应大于37.5m；

6. 步行街的顶棚材料应采用不燃或难燃材料，其承重结构的耐火极限不应低于1.00n。步行街内不应布置可燃物；

7. 步行街的顶棚下檐距地面的高度不应小于6.0m，顶棚应设置自然排烟设施并宜采用常开式的排烟口，且自然排烟口的有效面积不应小于步行街地面面积的25%。常闭式自然排烟设施应能在火灾时手动和自动开启；

8. 步行街两侧建筑的商铺外应每隔30m设置DN65的消火栓，并应配备消防软管卷盘或消防水龙，商铺内应设置自动喷水灭火系统和火灾自动报警系统；每层回廊均应设置自动喷水灭火系统。步行街内宜设置自动跟踪定位射流灭火系统；

9. 步行街两侧建筑的商铺内外均应设置疏散照明、灯光疏散指示标志和消防应急广播系统。

四、平面布置

（一）民用建筑的平面布置

应结合建筑的耐火等级、火灾危险性、使用功能和安全疏散等因素合理布置

（二）附属库房外

除为满足民用建筑使用功能所设置的附属库房外，民用建筑内不应设置生产车间和其他库房

经营、存放和使用甲、乙类火灾危险性物品的商店、作坊和储藏间，严禁附设在民用建筑内。

（三）商店建筑、展览建筑

商店建筑、展览建筑采用三级耐火等级建筑时，不应超过2层；采用四级耐火等级建筑时，应为单层。营业厅、展览厅设置在三级耐火等级的建筑内时，应布置在首层或二层；设置在四级耐火等级的建筑内时，应布置在首层。

营业厅、展览厅不应设置在地下三层及以下楼层。地下或半地下营业厅、展览厅不应经营、储存和展示甲、乙类火灾危险性物品。

（四）托幼老

托儿所、幼儿园的儿童用房，老年人活动场所和儿童游乐厅等儿童活动场所宜设置在独立的建筑内，且不应设置在地下或半地下；当采用一、二级耐火等级的建筑时，不应超过3层；采用三级耐火等级的建筑时，不应超过2层；采用四级耐火等级的建筑时，应为单层；确需设置在其他民用建筑内时，应符合下列规定：

1. 设置在一、二级耐火等级的建筑内时，应布置在首层、二层或三层；
2. 设置在三级耐火等级的建筑内时，应布置在首层或二层；
3. 设置在四级耐火等级的建筑内时，应布置在首层；
4. 设置在高层建筑内时，应设置独立的安全出口和疏散楼梯：
5. 设置在单、多层建筑内时，宜设置独立的安全出口和疏散楼梯。

（五）医院、疗养院

医院和疗养院的住院部分不应设置在地下或半地下。

医院和疗养院的住院部分采用三级耐火等级的建筑时，不应超过2层；采用四级耐火等级的建筑时，应为单层；设置在三级耐火等级的建筑内时，

应布置在首层或二层；设置在四级耐火等级建筑内时，应布置在首层。

医院和疗养院的病房楼内相邻护理单元之间应采用耐火极限不低于2.00h的防火隔墙分隔，隔墙上的门应采用乙级防火门，设置在走道上的防火门应采用常开防火门。

（六）教学建筑、食堂

教学建筑、食堂、菜市场采用三级耐火等级建筑时，不应超过2层；采用四级耐火等级建筑时，应为单层；设置在三级耐火等级的建筑内时，应布置在首层或二层；设置在四级耐火等级的建筑内时，应布置在首层。

（七）剧场、电影院、礼堂

剧场、电影院、礼堂宜设置在独立的建筑内；采用三级耐火等级建筑时，不应超过2层；确需设置在其他民用建筑内时，至少应设置1个独立的安全出口和疏散楼梯，并应符合下列规定：

1. 应采用耐火极限不低于2.00h的防火隔墙和甲级防火门与其他区域分隔；

2. 设置在一、二级耐火等级的建筑内时，观众厅宜布置在首层、二层或三层；确需布置在四层及以上楼层时，一个厅、室的疏散门不应少于2个，且每个观众厅的建筑面积不宜大于400㎡；

3. 设置在三级耐火等级的建筑内时，不应布置在三层及以上楼层；

4. 设置在地下或半地下时，宜设置在地下一层，不应设置在地下三层及以下楼层；

5. 设置在高层建筑内时，应设置火灾自动报警系统及自动喷水灭火系统等自动灭火系统。

（八）多功能厅、会议厅

建筑内的会议厅、多功能厅等人员密集场所，宜布置在首层、二层或三层。设置在三级耐火等级的建筑内时，不应布置在三层及以上楼层，确需布置在一、二级耐火等级建筑的其他楼层时，应符合下列规定：

1. 一个厅、室的疏散门不应少于2个，且建筑面积不宜大于400㎡；

2. 设置在地下半地下时，宜设置在地下一层，不应设置在地下三层以下楼层；

3. 设置在高层建筑内时，应设置火灾自动报警系统和自动喷水灭火系统等自动灭火系统。

（九）歌舞厅、录像厅、夜总会、卡拉OK厅

歌舞厅、卡拉OK厅（含具有卡拉OK功能的餐厅）、游艺厅（含电子游艺厅）、夜总会、录像厅、放映厅、桑拿浴室（除洗浴部分外）、网吧等歌舞娱乐放映游艺场所（不含剧场、电影院）的布置应符合下列规定：

1. 不应布置在地下二层及以下楼层；

2. 宜布置在一、二级耐火等级建筑内的首层、二层或三层的靠外墙的部位。

3. 不宜布置在袋形走道的两侧或尽端；

4. 确需布置在地下一层时，地下一层地面与室外出入口地坪的高差不应大于10m；

5. 确需布置在地下及四层以上楼层时，一个厅室的建筑面积不应大于200㎡；

6. 厅室之间及建筑的其他部位之间，应采用耐火极限不低于2.00h的防火隔墙和1.00h的不燃性楼板分隔，设置在厅室墙上的门和该场所与建筑内其他部位相通的门均应采用乙级防火门。

（十）住宅与其他用途房间合建

除商业服务网点外，住宅建筑与其他使用功能的建筑合建时，应符合下列规定：

1. 住宅部分与非住宅部分之间，应采用耐火极限不低于1.50h的不燃性楼板和耐火极限不低于2.00h且无门、窗、洞口的防火隔墙完全分隔；当为高层建筑时，应采用耐火极限不低于2.00h的不燃性楼板和无门、窗、洞口的防火墙完全分隔，建筑外墙上下层开口之间防火措施应符合本规范6.2.5.条的规定。

2. 住宅部分与非住宅部分的安全出口和疏散楼梯应分别独立设置；为住宅部分服务的地上车库应设置独立的疏散楼梯或安全出口，地下车库的疏散楼梯应按本规范6.4.4.条的规定进行分隔。

3. 住宅部分和非住宅部分的安全疏散、防火分区和室内消防设施配置，可根据各自的建筑高度分别按照本规范有关住宅建筑和公共建筑的规定执行；该建筑的其他防火设计应根据建筑的总高度和建筑规模按本规范有关公

共建筑的规定执行。

（十一）设置商业服务网点的住宅建筑的防火分隔

设置商业服务网点的住宅建筑，其居住部分与商业服务网点之间应采用耐火极限不低于 2.00h 且无门、窗、洞口的防火隔墙和耐火极限不低于 1.50h 的不燃性楼板完全分隔，住宅部分和商业服务网点部分的安全出口和疏散楼梯应分别独立设置。

商业服务网点中每个分隔单元之间应采用耐火极限不低于 2.00h 且无门、窗、洞口的防火隔墙相互分隔，当每个分隔单元任一层建筑面积大于 200 ㎡时，该层应设置 2 个安全出口或疏散门。

注：室内楼梯的距离可按其水平投影长度的 1.50 倍计算。

（十二）燃油燃气锅炉、油浸变压器

燃油或燃气锅炉、油浸电力变压器、充有可燃油的高压电容器和多油开关等，宜设置在建筑外的专用房间内；确需贴邻民用建筑布置时，应采用防火墙与所贴邻的建筑分隔，且不应贴邻人员密集场所，该专用房间的耐火等级不应低于二级；确需布置在民用建筑内时，不应布置在人员密集场所的上一层、下一层或贴邻，并应符合下列规定：

1. 燃油和燃气锅炉房、变压器室应设置在首层或地下一层靠外墙部位，但常（负）压燃油、燃气锅炉可设置在地下二层或屋顶上。设置在屋顶上的常（负）压燃气锅炉，距离通向屋面的安全出口的距离不应小于 6m。燃油锅炉应采用丙类液体作燃料。

采用相对密度（与空气密度的比值）不小于 0.75 的可燃气体为燃料的锅炉，不得设置在地下或半地下建筑（室）内。

2. 锅炉房、变压器室的门均应直通室外或直通安全出口。

3. 外墙开口部位的上方应设置宽度不小于 1m 的不燃烧体防火挑檐或高度不小于 1.2m 的窗槛墙。

3. 锅炉房、变压器室与其他部位之间应采用耐火极限不低于 2.00h 的不燃烧体隔墙和 1.50h 的不燃烧体楼板分隔。在隔墙和楼板上不应开设洞口，确需在隔墙上开设门窗时，应设置甲级防火门窗。

4. 当锅炉房内设置储油间时，其总储存量不应大于 1m^3，且储油间应采用耐火极限不低于 3.00h 的防火墙与锅炉间隔开，确须在防火墙上开门时，应设置甲级防火门。

5. 变压器室之间、变压器室与配电室之间，应设置耐火极限不低于2.00h的不燃烧体隔墙。

6. 油浸电力变压器、多油开关室、高压电容器室，应设置防止油品流散的设施。油浸电力变压器下面应设置储存变压器全部油量的事故储油设施。

7. 应设置火灾报警装置。

8.. 应设置与锅炉、变压器、电容器和多油开关等的容量和建筑规模相适应的灭火设施。

9. 锅炉的容量应符合现行国家标准《锅炉房设计规范》GB50041的有关规定。油浸电力变压器的总容量不应大于1260kV·A，单台容量不应大于630kV·A。

10. 燃气锅炉房应设置防爆泄压设施，燃气、燃油锅炉房应设置独立的通风系统，并应符合相关的规定。

第二节 建筑高度及层数

建筑高度与建筑层数（建设防火设计基本知识之一）是三维构成提供给人们活动的空间，所有建筑在地面上反映出的竖向尺度就是建筑高度。一定的高度划分为若干层，形成建筑的层数。建筑高度与层数客观反映了建筑物的固有特性。防火规范以及技术措施许多方面由建筑高度与建筑层数所决定，因此有必要了解掌握建筑高度、建筑层数与防火设计的关系，与建筑设计技术措施的关系。这里主要介绍与防火设计的关系，与建筑设计技术措施的关系涉及面较广，只作稍带。

一、建筑高度、建筑层数的设计意义

（1）建筑消防划分多层建筑与高层建筑的依据，高层建筑又分一类高层建筑和二类高层建筑。

（2）确定建筑间距。主要是建筑的防火间距，同时满足日照要求，满足建筑的采光、通风、视觉卫生等要求。

（3）设置电梯的依据。根据高度明确是否需要设置消防电梯。

（4）建筑墙身抗震限高要求。

（5）控制名胜景区，特殊地段或街道景观高度要求。建筑高度必须符合道路退让和景观分析确定的建筑控制高度或建筑限制高度。

（6）航空线路、微波通道对建筑限高要求。在机场、电台及其他有净空限制的地区，新建建筑物高度必须符合有关净高限制或高度控制的规定。

二、建筑高度 H 的计算

（一）建筑消防认定

坡屋面为建筑室外设计地面到檐口与屋脊的平均高度；平屋面为建筑物室外设计地面到其屋面面层的高度。

（二）建筑技术措施规定

坡屋面为室外设计地面至建筑屋檐和屋脊的平均高度；平屋面为室外设计地面至建筑女儿墙高度。

1. 多层砌体指室外地面到主要屋面板板顶或檐口的高度；

2. 有半地下室时从地下室室内地面算起，全地下室和嵌固条件好的半地下室可以室外地面算起；

3. 对带阁楼的坡屋面上部算至山墙的一半处；

4. 当室内外高差＞ 0.6m 时，建筑高度可适当增加但不应＞ 1m。

5. 对于钢结构房屋指室外地面到主要屋面板板顶高度，不包括局部突出屋顶部分。

第三节 耐火极限

一、概述

耐火极限是指对任一建筑构件按时间——温度标准曲线进行耐火试验，从受到火的作用时起，到失去支持能力或完整性被破坏或失去隔火作用时为止的这段时间，用小时表示。

二、判定条件

（一）失去稳定性

构件在试验过程中失去支持能力或抗变形能力。

外观判断：如墙发生垮塌；梁板变形大于 L/20；

柱发生垮塌或轴向变形大于h/100（mm）或轴向压缩变形速度超过3h/1 000（mm/min）；

受力主筋温度变化：16Mn钢，510℃。

（二）失去完整性

适用于分隔构件，如楼板、隔墙等。失去完整性的标志：出现穿透性裂缝或穿火的孔隙。

（三）失去绝热性

适用于分隔构件，如墙、楼板等。

失去绝热性的标志：为下列两个条件之一：

试件背火面测温点平均温升达140℃；

试件背火面测温点任一点温升达220℃。

建筑构件耐火极限的三个判定条件，实际应用时要具体问题具体分析：

分隔构件（隔墙、吊顶、门窗）：失去完整性或绝热性；

承重构件（梁、柱、屋架）：失去稳定性；

承重分隔构件（承重墙、楼板）：失去稳定性或完整性或绝热性。

三、建筑方面

（一）墙的耐火极限

普通黏土砖墙、钢砼墙的耐火极限大量试验证明，耐火极限与厚度成正比。

厚度（mm）120、180、240、370。

耐火极限（h）2.50、3.50、5.50、10.50。

（二）加气砼墙的耐火极限

耐火极限与厚度也基本是成正比。

如加气砼砌块墙（非承重墙）

厚度（mm）75100200

耐火极限（h）2.506.008.00

（三）轻质隔墙

木龙骨——钢丝网抹灰：0.85h

石膏板：0.30h

水泥刨花板：0.30h

板条抹灰：0.85h

钢龙骨——单层石膏板

双层石膏板：1.00h 以上

（四）金属墙板的耐火极限

采用铝、钢、铝合金等薄板作两面，中间或是空气层或填矿棉、岩棉等隔热材料，耐火极限可达 1.50 ~ 2.00h。

1. 柱的耐火极限

钢砼柱的耐火极限，在通常情况下随柱截面增大而增大。如 C20 砼柱：

截面积（mm × mm）

耐火极限（h）

200 × 200

1.40h

300 × 300

3.00h

370 × 370

5.00h

钢柱的耐火极限：0.25h

2. 梁的耐火极限

钢砼梁的耐火极限主要取决于主筋保护层的厚度。

无保护钢梁耐火极限为 0.25h。

楼板的耐火极限

简支钢砼圆孔空心板

保护层厚度（mm）102 030

耐火极限（h）0.91.251.50

预应力钢砼圆孔空心板

保护层厚度（mm）102 030

耐火极限（h）0.40.70.85

3. 吊顶的耐火极限

木吊顶搁栅——钢丝网抹灰：0.25h

板条抹灰：0.25h

纸面石膏板：0.25h

钢吊顶搁栅——石棉板：0.85h

双层石膏板：0.30h

钢丝网抹灰：0.25h

4. 管道的耐火极限

住宅建筑中竖井的设置应符合下列要求：电缆井、管道井、排烟道、排气道等竖井应分别独立设置，其井壁应采用耐火极限不低于 1.0h 的不燃性构件。

第四节 防火间距

一、概述

在建筑物间距离一定的条件下，辐射热强度越高，相邻建筑物被烤燃的可能性越大；起火建筑物内外冷热空气对流速度越快，越容易把尚未燃的物件（即飞火）抛向邻近的可燃物体，从而导致火灾蔓延，故保险人受理被保险人的火险投保时，须视建筑物的可燃性能和间距而定。

二、影响因素

（一）热辐射

辐射热是影响防火间距的主要因素。当火焰温度达到最高数值时，其辐射强度最大，也最危险，如伴有飞火则更危险。

（二）热对流

无风时，因热对流的温度在离开窗口以后会大幅降低，所以热对流对相邻建筑物的影响不大，通常不足以构成威胁。

（三）建筑物外墙门窗洞口的面积

许多火灾实例表明，当建筑物外墙开口面积较大时，发生火灾后，在可燃物的种类和数量都相同的条件下，由于通风好、燃烧快、火焰温度高，因而热辐射增强。在此情况下，相邻建筑物接受的热辐射也多，当达到一定程度时便会很快被烤着起火。

（四）建筑物的可燃物种类和数量

可燃物种类不同，在一定时间内燃烧火焰的温度电有差异。如汽油、苯、丙酮等易燃液体，燃烧速度比木材快，发热量也比木材大，因而热辐射也比木材强。在一般情况下，可燃物的数量与发热量成正比关系。

（五）风速

风能够加强可燃物的燃烧，促使火灾加快蔓延。露天火灾中，风能使燃烧的颗粒和燃烧着的碎片等飞散到数十米远的地方，强风时则更远。风给火灾的扑救带来困难。

（六）相邻建筑物的高度

一般地说，较高的建筑物着火对较低的建筑物威胁较小；反之，则较大。特别是当屋顶承重构件毁坏塌落、火焰穿出房顶时，威胁更大。据测定，着火的较低建筑物对较高建筑物辐射角在 30° ~ 45° 时，辐射强度最大。

（七）建筑物内消防设施

建筑物内设有火灾自动报警装置和较完善的其他消防设施时，能将火灾扑灭在初期阶段。这样不仅可以减少火灾对建筑物造成的损失，而且很大程度上减少了火灾蔓延到附近其他建筑物的可能性。可见，在防火条件和建筑物防火间距大体相同的情况下，设有完善消防设施的建筑物比消防设施不完善的建筑物的安全性要高。

（八）灭火时间

建筑物发生火灾后，其温度通常随着火灾延续时间的长短而变化。火灾延续时间越长，则火场温度相应增高，对周围建筑物的威胁增大。当可燃物数量逐渐减少时，火场温度逐渐降低。

三、基本原则

（一）考虑热辐射的作用

火灾实例表明，一、二级耐火等级的低层民用建筑，保持 7 ~ 10m 的防火间距，在有消防队扑救的情况下，一般不会蔓延到相邻建筑物。

（二）考虑灭火作战的实际需要

建筑物的高度不同，救火使用的消防车也不同。对低层建筑，普通消防车即可；而对高层建筑，则要使用曲臂、云梯等登高消防车。防火间距应满足消防车的最大工作回转半径的需要。最小防火间距的宽度应能通过 1 辆消防车，一般宜为 4m。

（三）有利于节约用地

在有消防队扑救的条件下，以能够阻止火灾向相邻建筑物蔓延为原则。

（四）防火间距计算

防火间距应按相邻建筑物外墙的最近距离计算，如外墙有突出的可燃结构，则应从其突出部分外缘算起；如为储罐或堆场，则应从储罐外壁或堆场的堆垛外缘算起。

（五）其他

两座相邻建筑较高的一面外墙作为防火墙时，其防火间距不限。

四、基本要求

各区域之间的防火间距应符合消防技术规范和有关地方法规的要求。其具体要求为以下几点。

（1）禁火作业区距离生活区应不小于15m，距离其他区域应不小于25m；

（2）易燃、可燃材料的堆料场及仓库距离修建的建筑物和其他区域应不小于20m；

（3）易燃废品的集中场地距离修建的建筑物和其他区域应不小于30m；

（4）防火间距内，不应堆放易燃、可燃材料；

（5）临时设施最小防火间距，要符合相关规定。

第五节　防火分区

一、概述

防火分区是指用防火墙、楼板、防火门或防火卷帘分隔的区域，可以将火灾限制在一定的局部区域内（在一定时间内），不使火势蔓延，当然防火分区的隔断同样也对烟气起了隔断作用。在建筑物内采用划分防火分区这一措施，可以在建筑物一旦发生火灾时，有效地把火势控制在一定的范围内，减少火灾损失，同时可以为人员安全疏散、消防扑救提供有利条件。

在建筑设计中进行防火分区的目的是防止火灾的扩大，可根据房间用途和性质的不同对建筑物进行防火分区，分区内应该设置防火墙、防火门、防火卷帘等设备。在建筑设计中，通常规定：楼梯间、通风竖井、风道空间、电梯、自动扶梯升降通路等形成竖井的部分要作为防火分区。

二、防火分区分类

防火分区按其作用可分为：水平防火分区，竖向防火分区。水平防火分隔有：防火墙、防火门、防火窗、防火卷帘、防火水幕等，建筑的墙体客观上也发挥着防火分隔作用。竖向防火分隔有：楼板、避难层、防火挑檐、功能转换层等。竖向防火分区，用以防止多层或高层建筑物层与层之间竖向发生火灾蔓延。水平防火分区，用以防止火灾在水平方向扩大蔓延。

（一）竖向防火分区

竖向防火分区是指用耐火性能较好的楼板及窗间墙（含窗下墙），在建筑物的垂直方向对每个楼层进行的防火分隔。

（二）水平防火分区

水平防火分区是指用防火墙或防火门、防火卷帘等防火分隔物将各楼层在水平方向分隔出的防火区域。它可以阻止火灾在楼层的水平方向蔓延。防火分区应用防火墙分隔。如确有困难时，可采用防火卷帘加冷却水幕或闭式喷水系统，或采用防火分隔水幕分隔。

第三章 建筑消防设施

第一节 火灾自动报警系统

一、火灾自动报警系统的组成和作用

火灾自动报警系统是一种设置在建、构筑物中，通过自动化手段实现早期火灾探测、火灾自动报警和消防设备联动控制的自动消防设施，包括火灾探测器、信号传输和系统联动设备。火灾自动报警系统对早期发现和通报火灾，及时通知人员疏散并进行灭火，以及预防和减少人员伤亡、控制火灾损失等方面起着至关重要的作用。

二、火灾自动报警系统的类型及适用场所

（一）火灾自动报警系统根据探测器检测对象的不同

1. 感烟探测器

离子式探测器的探测原理是当烟雾进入探测器中的离子室时，离子室的离子流会随着烟气的大小而变化，其基准输出点的电位也随之变化，这样离子室就将烟气物理后的变化转换成电量的变化，电量的变化达到一定值时，探测器便输出报警信号。

光电管式探测器的探测原理是通过探测糖感应端光线与烟离子接触，感光件受乱反射光的作用产生信号。

在这类探测器中又有蓄积型与非蓄积型，即发生火灾烟气在很短的时间内报警叫作非蓄积型，某一时间内连续探测达到某一阈值时发生报警的称为蓄积型。感烟探测器适用于空间高度不大于12m、火灾初期有阴燃阶段，产生大量的烟和少量的热，很少或没有火焰辐射的场所。一般A类火灾场所都适用。

2. 感温探测器

感温探测器有定温式、差温式和补偿式。即周围达到一定温度时产生信号报警的叫作定温式，通常温度设定在75℃，对于厨房、锅炉房等正常工作时即可能出现较高温度的场所，温度可适度调高；当周围温度急剧变化时产生信号报警的叫作差温式；同时具有差温和定温两种功能的叫作补偿式。

感温探测器适用于平时烟尘、灰尘、水汽较大，且火灾发展迅速，可产生大量热的场所。一般B类火灾场所和厨房、锅炉房、发电机房、烘干机房、吸烟室等都选用该种类型。

感温探测器除用于探测火灾信息外，通常还用于某些防火分隔设施如防火卷帘、常开式防火门的控制，以实现防火卷帘的二步降和常开式防火门的顺序关闭。用于这些场所的感温探测器的感知温度通常为220℃。

3. 火焰探测器

火焰探测器也称感光探测器，用以捕捉火焰光，有红外感光型，紫外感光型和红外、紫外复合感光型。火焰探测器主要用于火灾发展迅速，有强烈的火焰辐射和少量的烟、热的场所。如使用和传输甲、乙类可燃液体的喷漆、浸漆、烘干车间、输油、气泵房等场所。

4. 可燃气体探测器

可燃气体探测器的工作原理是通过对吸入气体燃烧热值的检测，确认其浓度达到一定值时报警。易燃易爆气体探测场所常采用主动吸入式探测方式，主要用于生产和储存甲、乙类易燃液体或气体的装置附近或储存场所。报警浓度值设置在该检测气体爆炸浓度下限的20%。

（二）火灾自动报警系统根据设置场所的不同

可以分为点形或线形（利用光缆或光束对射组合对一段距离、空间内检测对象的探测）火灾探测报警系统。通常，一般场所，如宾馆、饭店的房间和办公室适用点型探测器；大空间，如展览馆、大会堂、大型仓库等适用光束对射组合型探测器；隧道、电缆桥架、电缆沟、高架、货架等适用线形探测器。

（三）火灾自动报警系统根据检测功能的不同

可以分为被动式（直接探测）和主动式（主动吸入烟雾或可燃气体检测）。

被动式常用于一般的探测场所，主动式常用于易燃易爆气体探测场所。

四、火灾自动报警系统的组成及工作原理

（一）火灾自动报警系统的组成

火灾自动报警系统一般由触发器件（火灾探测器）、火灾报警装置、火灾警报装置、电源等四部分组成，复杂系统还包括消防控制设备。

（二）火灾自动报警系统的工作原理

平时安装在建、构筑物内的火灾探测器长年累月地实时监测被警戒的现场或对象。当建、构筑物内某一被监视现场发生火灾时，火灾探测器探测到火灾产生的烟雾、高温、火焰及火灾特有的气体等信号并转换成电信号，立即传送到火灾报警控制器；控制器接收到火警信号，经过与正常状态阈值或参数模型分析比较，若确认着火，则输出两回路信号：一路指令声光报警显示装置动作，显示火灾现场地址（楼层、房号等），记录下发生火灾的时间，同时启动警报装置发出音响报警，告诫火灾现场人员投入灭火操作或从火灾现场疏散；另一路指令启动消防控制设备，自动联动启动断电控制装置、防排烟设施、防火卷帘、消防电梯、火灾应急照明、消火栓、自动灭火系统等消防设施，防止火灾蔓延，控制火势、及时扑救火灾。一旦火灾被扑灭，火灾自动报警系统又回到正常监控状态。

另外，为了防止系统失控或执行器中组件、阀门失灵而贻误救火时间，现场附近还设有手动报警按钮和手动控制按钮，用以手动报警以及直接控制执行器动作。例如设置在消火栓箱中的报警按钮，既能报警还能启动消火栓、防火卷帘的现场手动按钮、排烟防火阀的手动把手等，以便及时采取措施，扑灭火灾。

第二节 消火栓给水系统

一、室外消火栓给水系统

（一）室外消火栓给水系统的作用

室外消防给水系统指设置在建筑物外墙中心线以外的一系列消防给水工程设施，是建筑消防给水系统的重要组成部分，该系统可以大到担负整个城镇的消防给水任务，小到可能仅担负居住区、工矿企业或单体建筑物室外

部分的消防给水任务，其通过室外消火栓（或消防水鹤管）为消防车等消防设备提供火场消防用水，或通过进户管为室内消防给水设备提供消防用水。

（二）室外消火栓给水系统的设置要求

1. 室外地上式消火栓应有一个直径为150mm或100mm和两个直径为65mm的栓口。室外地下式消火栓应有直径为100mm和65mm的栓口各一个。

2. 室外消防给水管道应布置成环状，从市政管网引入的进水管不宜少于两条。

3. 市政消火栓宜在道路的一侧设置，并宜靠近十字路口，但当市政道路宽度超过60m时，应在道路两侧交叉错落设置。每个消火栓的保护半径不应超过150m，间距不应大于120m。

4. 室外消火栓距路边不宜小于0.5m，并不应大于2.0m；距建筑外墙边缘不宜小于5.0m，并宜沿建筑周围均匀布置，建筑消防扑救面一侧消火栓数虽不宜少于2个。

5. 其他化工装置区、货物堆场、库区、隧道内的消火栓设置从其专业有关现行规定。

（三）室外消火栓给水系统的组成

根据室外消火栓给水系统的类型和水源、水质等情况不同，系统在组成上不尽相同。有的比较复杂，像生活、生产、消防合用室外给水系统，通常由消防水源、取水设施、水处理设施、给水设备、给水管网和室外消火栓等设施所组成。而独立消防给水系统相对就比较简单，省略了水处理设施。

（四）室外消防给水系统的类型

1. 按水压不同分类

（1）室外低压消防给水系统

室外低压消防给水系统，指系统管网内平时水压较低，一般只负担提供消防用水量，火场上水枪所需的压力，由消防车或其他移动式消防水泵加压产生。一般城镇和居住区多为这种系统。采用低压消防给水系统时，其管道内的供水压力应保证灭火时最不利点消火栓处的水压不小于0.1MPa（从室外地面算起）。

（2）室外临时高压消防给水系统

室外临时高压消防给水系统，指系统管网内平时水压不高，发生火灾时，临时启动泵站内的高压消防水泵，使管网内的供水压力达到高压消防给水管网的供水压力要求。一般在石油化工厂或甲、乙、丙类液体、可燃气体储罐区内多采用这种系统。

（3）室外高压消防给水系统

室外高压消防给水系统指无论有无火警，系统管网内经常保持足够的水压和消防用水量，火场上不需使用消防车或其他移动式消防水泵加压，直接从消火栓接出水带、水枪即可实施灭火。在有可能利用地势设置高地水池时，或设置集中高压消防水泵房，可采用室外高压消防给水系统。采用室外高压消防给水系统时，其管道内的供水压力应能保证在生产、生活和消防用水量：达到最大用水量时，布置在保护范围内任何建筑物最高处水枪的充实水柱仍不小于10m。

2. 按用途不同分类

（1）生产、生活、消防合用给水系统

生产、生活、消防合用给水系统，指居民的生活用水、工厂企业的生产用水及城镇的消防用水统一由一个给水系统来提供。城镇一般都采用这种消防给水系统形式，因此，该系统应满足在生产、生活用水虽达到最大时，仍能供应全部的消防用水量。采用生活、生产、消防合用给水系统可以节省投资，且系统利用率高，特别是生活、生产用水虽大而消防用水虽相对较小时，这种系统更为适宜。但应该指出，目前我国许多城市缺水现象严重，消防用水量难以满足，存在着消火栓数量不够、水压不足的问题。针对这种情况，应采取相应的补救措施，例如可视具体情况考虑设置一些必要的储存消防用水设施。

（2）生产、消防合用给水系统

在某些企事业单位内，可设置生产、消防共用一个给水系统，但要保证当生产用水量达到最大小时流量时，仍能保证全部的消防用水量，并且还应确保消防用水时不致引起生产事故，生产设备检修时不致引起消防用水的中断。生产用水与消防用水的水压要求往往相差很大，在消防用水时可能影响生产用水，或由于水压提高，生产用水量增大而影响消防用水量。因此，在工厂企业内较少采用生产用水和消防用水合并的给水系统，而较多采用生活用水和消防用水合并的给水系统，并辅以独立的生产给水系统。

（3）生活、消防合用给水系统

城镇和机关事业单位内广泛采用生活用水和消防用水合并的给水系统。这种系统形式可以保持管网内的水经常处于流动状态，水质不易变坏，而且在投资上也比较经济，并便于日常检查和保养，消防给水较安全可靠。采用生活、消防合用的给水系统，当生活用水达到最大小时流量时，仍应保证全部消防用水量。

（4）独立的消防给水系统

工业企业内生产和生活用水较小而消防用水量较大时，或生产用水可能被易燃、可燃液体污染时，以及易燃液体和可燃气体储罐区，常采用独立的消防给水系统。独立消防给水系统只在灭火时才使用，投资较大，因此，往往建成临时高压给水系统。

二、室内消火栓给水系统

（一）室内消火栓给水系统的作用

室内消火栓给水系统是指一种既可供火灾现场人员使用消火栓箱内的消防水喉或水枪扑救建筑物的初期火灾，又可供消防队员扑救建筑物大火的室内灭火系统。在以水为灭火剂的消防给水系统中，室内消火栓给水系统在灭火效果和扑灭火灾的及时迅速方面不如自动喷水灭火系统，但工程造价低，节省投资，适合我国国情。因此，该系统是建、构筑物应用最广泛的一种主要灭火系统。

（二）室内消火栓给水系统的设置场所

1. 建筑占地面积大于 300 ㎡的厂房和仓库。

2. 特等、甲等刚场，超过 800 个座位的其他等级的剧场和电影院等以及超过 1 200 个座位的礼堂、体育馆等单、多层建筑。

3. 体积大于 5 000m³ 的车站、码头、机场的候车（船和机）建筑、展览建筑、商店建筑、旅馆建筑、医疗建筑和图书馆建筑等单、多层建筑。

4. 高层公共建筑和建筑高度大于 21m 的住宅建筑。但建筑高度不大于 27m 的住宅建筑，设置室内消火栓系统有困难时，可只设置干式消防竖管和不带消火栓箱的 DN65 的室内消火栓。

5. 建筑高度大于 15m 或体积大于 10 000m³ 的办公建筑、教学建筑和其他单、多层民用建筑。

（三）室内消火栓给水系统的组成

室内消火栓给水系统由消防水源、消防给水设施、消防给水管网、室内消火栓设备、控制设备等组件组成。其中消防给水设施包括消防水泵、消防水箱、水泵接合器等设施，主要任务是为系统储存并提供灭火用水；给水管网包括进水管、水平干管、消防竖管等，形成环状管网，以保证向室内消火栓设备输送灭火用水的可靠性；室内消火栓设备包括水带、水枪、水喉等，它是供人员灭火使用的主要工具；控制设备用于启动消防水泵，并监控系统的工作状态。这些设施通过有机协调的工作，确保系统的灭火效果。

（四）室内消火栓给水系统的类型

1. 按压力高低分类

（1）室内高压消防给水系统

室内高压消防给水系统（又称常高压消防给水系统），指无论有无火警，系统经常能保证最不利点灭火设备处有足够高的水压，火灾时不需要再开启消防水泵加压。一般当室外有可能利用地势设置高位水池（例如在山岭上较高处设置消防水池）或设置区域集中高压消防给水系统时，才具备高压消防给水系统的条件。

（2）临时高压消防给水系统

临时高压消防给水系统，指系统平时仅能保证消防水压（静水压力 0.3 ~ 0.5MPa）而不能保证消防用水量，发生火灾时，通过启动消防水泵提供灭火用水量。独立的高层建筑消防给水系统，一般均为临时高压消防给水系统。

2. 按用途分类

（1）合用的消防给水系统

合用的消防给水系统又分生产、生活和消防合用给水系统、生活和消防合用给水系统、生产和消防合用给水系统。当室内生活与生产用水对水质要求相近，消防用水量较小，室外给水系统的水压较高，管径较大，且利用室外管网直接供水的低层公共建筑和厂房可采用生产、生活和消防合用给水系统；对生活用水域较小，而消防用水量较大的低层工业与民用建筑，为节约投资，可采用生活和消防合用给水系统；对生产用水量很大，消防用水量较小，而且在消防用水时不会引起生产事故，生产设备检修时不会引起消防用水中断的低层厂房可采用生产和消防合用给水系统。由于生产和消防用水的水质和水压要求相差较大，一般很少采用生产和消防合用给水系统。

（2）独立的消防给水系统

对于高层建筑，为满足发生火灾立足于自救，保证充足的消防用水量和水压，该建筑消防给水系统应采用独立的消防给水系统，并辅以高位水箱和水泵接合器补水设施，以提高消防给水的可靠性。对于单、多层建筑消防给水系统，如生产、生活、消防合并不经济或技术上不可能时，可采用独立的消防给水系统。

（五）室内消火栓的布置

1. 室内消防给水系统应与生产、生活给水系统分开独立设置，室内消防给水管道应布置成环状。

2. 消防竖管的布置应保证同层相邻两个消火栓的水枪的充实水柱同时到达被保护范围的任何部位。管径不小于 100mm。

3. 消火栓应设在走道、楼梯附近等明显易于取用的地方，消火栓的个数用计算来确定。两个消火栓之间的间距，对高层建筑，甲、乙类厂房、仓库应不大于 30m，对其他建筑应不大于 50m。

4. 消火栓栓口离地面高度宜为 1.1m，栓口出水方向应与墙面垂直。

第三节 自动喷水灭火系统

一、自动喷水灭火系统的作用

自动喷水灭火系统是指由洒水喷头、报警阀组、水流报警装置（水流指示器或压力开关）等组件，以及管道、供水设施组成，并能在发生火灾时喷水的自动灭火系统。该系统平时处于准工作状态，当设置场所发生火灾时，火灾温度使喷头易熔元件熔爆（闭式系统）或报警控制装置探测到火灾信号后立即自动启动喷水（开式系统），用于扑救建〈构）筑物初期火灾。

二、自动喷水灭火系统的设置场所

（1）下列厂房或生产部位应设置自动灭火系统，并宜采用自动喷水灭火系统。

不于小 50 000 纱锭的棉纺厂的开包、清花车间，不小于 50 000 纱锭的麻纺厂的分级、梳麻车间，火柴厂的烤梗、筛选部位；

占地面积大于1 500 ㎡或总建筑面积大于3 000 ㎡的单、多层制鞋、制衣、玩具及电子等类似生产的厂房；

占地面积大于1 500 ㎡的木器厂房；

泡沫塑料厂的预发、成型、切片、压花部位；

高层乙、丙类厂房；

建筑面积大于500 ㎡的地下或半地下丙类厂房。

（2）下列仓库应设置自动灭火系统，并宜采用自动喷水灭火系统。

每座占地面积大于1 000 ㎡的棉、毛、丝、麻、化纤、毛皮及其制品的仓库；

每座占地面积大于600 ㎡的火柴仓库；

邮政建筑内建筑面积大于500 ㎡的空邮袋库；

可燃、难燃物品的高架仓库和高层仓库；

设计温度高于0℃的高架冷库或每个防火分区建筑面积大于1 500 ㎡的非高架冷库；

总建筑面积大于500 ㎡的可燃物品地下仓库；

每座占地面积大于1 500 ㎡或总建筑面积大于3 000 ㎡的其他单、多层丙类物品仓库。

（3）下列高层民用建筑应设置自动灭火系统，并宜采用自动喷水灭火系统。

一类高层公共建筑（除游泳池、溜冰场外）及其地下、半地下室；

二类高层公共建筑及全地下、半地下室的公共活动用房、走道、办公室和旅馆的客房、可燃物品库房、自动扶梯底部；

高层民用建筑内的歌舞、娱乐、放映、游艺场所；

建筑高度大于100m的住宅建筑。

（4）下列单、多层民用建筑或场所应设置自动灭火系统，并宜采用自动喷水灭火系统。

特等、甲等剧场，超过1 500个座位的其他等级的剧场，超过2 000个座位的会堂或礼堂，超过3 000个座位的体育馆，超过5 000人的体育场的室内人员休息室与器材间；

任一层建筑面积大于 1 500 ㎡或总建筑面积大于 3 000 ㎡展览、商店、餐饮和旅馆建筑以及医院病房楼、门诊楼和手术部；

设置中央空调系统且总建筑面积大于 3 000 ㎡的办公建筑；

藏书量超过 50 万册的图书馆；

大、中型幼儿园、总建筑面积大于 500 ㎡的老年人建筑；

总建筑面积大于 500 ㎡地下或半地下商店；

设置在地下、半地下、地上四层及其以上楼层或设置在一、二、三层但任一层建筑面积大于 300 ㎡的歌舞、娱乐、放映、游艺场所。

其他要求设置自动喷水灭火系统的场所从其规定。

三、自动喷水灭火系统的类型

（一）湿式系统

湿式系统是指准工作状态时管道内充满用于启动系统的有压力水的闭式系统。湿式系统由闭式喷头、湿式报警阀组、管道系统、水流指示器、报警控制装置和末端试水装置、给水设备等组成。

湿式系统的工作原理：火灾发生时，火点周围环境温度上升，火焰或高温气流使闭式喷头的热敏感元件动作（一般玻璃球熔爆温度控制设置在 70℃），喷头被打开，喷水灭火。此时，水流指示器由于水的流动被感应并送出电信号，在报警控制器上显示某一区域已在喷水，湿式报警阀后的配水管道内的水压下降，使原来处于关闭状态的湿式报警阀开启，压力水流向配水管道。随着报警阀的开启，报警信号管路开通，压力水冲击水力警铃发出声响报警信号，同时，安装在管路上的压力开关接通发出相应的电信号，直接或通过消防控制中心自动启动消防水泵向系统加压供水，达到持续自动喷水灭火的目的。

湿式系统是自动喷水灭火系统中最基本的系统形式，在实际工程中最常用。其具有结构简单，施工、管理方便，灭火速度快，控火效率高，建设投资和经常管理费用低，适用范围广等优点，但使用受到环境温度的限制，适用于环境温度不低于 4℃且不高于 70℃的建（构）筑物。

（二）干式系统

干式系统是指准工作状态时配水管道内充满用于启动系统的有压气体的闭式系统。干式系统主要由闭式喷头、管网、干式报警阀组、充气设备、报警控制装置和末端试水装置、给水设施等组成。

干式系统的工作原理：平时，干式报警阀后配水管道及喷头内充满有压气体，用充气设备维持报警阀内气压大于水压，将水隔断在干式报警阀前，干式报警阀处于关闭状态。发生火灾时，闭式喷头受热开启首先喷出气体，排出管网中的压缩空气，于是报警阀后管网压力下降，干式报警阀阀前的压力大于阀后压力，干式报警阀开启，水流向配水管网，并通过已开启的喷头喷水灭火。在干式报警阀被打开的同时，通向水力警铃和压力开关的报警信号管路也被打开，水流推动水力警铃和压力开关发出声响报警信号，并启动消防水泵加压供水。干式系统的主要工作过程与湿式系统无本质区别，只是在喷头动作后有一个排气过程，这将影响灭火的速度和效果。因此，为使压力水迅速进入充气管网，缩短排气时间，尽快喷水灭火，干式系统的配水管道应设快速排气阀。有压充气管道的快速排气阀入口前应设电磁阀。

干式系统适用于环境温度低于 4℃或高于 70℃的场所，此时闭式喷头易熔元件（玻璃球或其他易熔元件）的动作控制温度应与场所的环境温度相适应。

（三）预作用系统

预作用系统是指准工作状态时配水管道内不充水，由火灾自动报警系统或闭式喷头作为探测元件，自动开启雨淋阀或预作用报警阀组后，转换为湿式系统的闭式系统。预作用系统主要由闭式喷头、预作用报警阀组或雨淋阀组、充气设备、管道系统、给水设备和火灾探测报警控制装置等组成。

预作用系统的工作原理：该系统在报警阀后的管道内平时无水，充以有压或无压气体，呈干式。发生火灾时，保护区内的火灾探测器，首先发出火警报警信号，报警控制器在接到报警信号后作声光显示的同时即启动电磁阀排气，报警网随即打开，使压力水迅速充满管道，这样原来呈干式的系统迅速自动转变成湿式系统，完成了预作用过程。待闭式喷头开启后，便即刻喷水灭火。对于充气式预作用系统，火灾发生时，即使由于火灾探测器发生故障，火灾探测系统不能发出报警信号来启动预作用阀，使配水管道充水，也能够因喷头在高温作用下自行开启，使配水管道内气压迅速下降，引起压力开关报警，并启动预作用阀供水灭火。因此，对于充气式预作用系统，即使火灾探测器发生故障，预作用系统仍能正常工作。

预作用系统与干式系统的区别：预作用系统的排气是由报警信号启动电磁阀控制的，管道中的气体排出后管道充水，但不直接喷，待喷头受热熔爆后方可喷出，而干式系统排气和喷水都由喷头完成，无须报警控制器控制。

具有下列要求之一的场所应采用预作用系统，即系统处于准工作状态时严禁管道漏水，严禁系统误喷以及替代干式系统的场所。如医院的病房楼和手术室、大型图书馆、重要的资料库、文物库房、邮政库房以及处于寒冷地带大型的棉、毛、丝、麻及其制品仓库等。

（四）自动喷水－泡沫联用系统

自动喷水—泡沫联用系统是在自动喷水灭火系统的基础上，增设了泡沫混合液供给设备，并通过自动控制实现在喷头喷放初期的一段时间内喷射泡沫的一种高效灭火系统。其主要由自动喷水灭火系统和泡沫混合液供给装置、泡沫液等部件组成。

输送管网存在较多易燃液体的场所（如地下车库、装卸油品的栈桥、易燃液体储存仓库、油泵房、燃油锅炉房等），宜按下列方式之一采用自动喷水—泡沫联用系统：采用泡沫灭火剂强化闭式系统性能；雨淋系统前期喷水控火，后期喷泡沫强化灭火效能；雨淋系统前期喷泡沫灭火，后期喷水冷却防止复燃。

（五）雨淋系统

雨淋系统是指由火灾自动报警系统或传动管控制，自动开启雨淋阀和启动消防水泵后，向开式洒水喷头供水的自动喷水灭火系统。雨淋系统由开式喷头、雨淋阀启动装置、雨淋阀组、管道以及供水设施等组成。

雨淋系统的工作原理：雨淋阀入口侧与进水管相通，出口侧接喷水灭火管路，平时雨淋阀处于关闭状态。发生火灾时，雨淋阀开启装置探测到火灾信号后，通过传动阀门自动地释放掉传动管网中有压力的水，使传动管网中的水压骤然降低，于是雨淋阀在进水管的水压推动下瞬间自动开启，压力水便立即充满灭火管网，系统上所有开式喷头同时喷水，可以在瞬间喷出大量的水，覆盖或阻隔整个火区，实现对保护区的整体灭火或控火。

雨淋系统与一般自动喷水灭火系统的最大区别是信号响应迅速，喷水强度大。喷头采用大流量开式直喷喷头，喷头间距 2m，正方形布置，一个喷头的喷水强度不小于 0.5L/s。

应采用雨淋系统的场所：火灾的水平蔓延速度快、闭式喷头的开放不能及时使喷水有效覆盖着火区域；室内净空高度超过闭式系统最大允许净空高度，且必须迅速扑救初期火灾；严重危险级的仓库、厂房和剧院的舞台等。

1. 火柴厂的氯酸钾压碾厂房；建筑面积大于 100 ㎡生产、使用硝化棉、喷漆棉、火胶棉、赛璐珞胶片、硝化纤维的厂房。

2. 建筑面积超过 60 ㎡或储存量超过 2t 的硝化棉、喷漆棉、火胶棉、赛璐珞胶片、硝化纤维的厂房。

3. 日装瓶数量超过 3 000 瓶的液化石油气储配站的灌瓶间、实瓶库。

4. 特等、甲等或超过 1 500 个座位的其他等级的剧院和超过 2 000 个座位的会堂或礼堂的舞台的葡萄架下部。

5. 建筑面积大于等于 400 ㎡的演播室，建筑面积大于等于 5 000 ㎡的电影摄影棚。

6. 储量较大的严重危险级石油化工用品仓库（不宜用水救的除外）。

7. 乒乓球厂的轧坯、切片、磨球、分球检验部位。

（六）水幕系统

水幕系统是指由开式洒水喷头或水幕喷头、雨淋阀组或感温雨淋阀，以及水流报警装置（水流指示器或压力开关）等组成，用于挡烟阻火和冷却分隔物的喷水系统。水幕系统按其用途不同，分为防火分隔水幕（密集喷洒形成水墙或水帘的水幕）和防护冷却水幕（冷却防火卷帘等分隔物的水幕）两种类型。防护冷却水幕的喷头喷口是狭缝式，水喷出后呈扇形水帘状，多个水帘相接即成水幕。对于设有自动喷水灭火系统的建筑，当少量防火卷帘需防护冷却水幕保护时，无须另设水幕系统，可直接利用自动喷水灭火系统的管网通过调整喷头和喷头间距实现。密集喷洒形成水墙或水帘的水幕，喷头用的是流量较大的开式水幕喷头，这种系统类似于雨淋系统。

应设置水幕系统的部位如下：①特等、甲等或超过 1 500 个座位的其他等级的剧院和超过 2 000 个座位的会堂或礼堂的舞台口，以及与舞台相连的侧台、后台的门窗洞口。②需要冷却保护的防火卷帘或防火幕的上部。③应设防火墙等防火分隔物而无法设置的局部开口部位（如舞台口）。④相邻建筑物之间的防火间距不能满足要求时，建筑物外墙上的门、窗、洞口处。⑤石油化工企业中的防火分区或生产装置设备之间。

为了防止水幕漏烟漏水，两个水幕喷头之间的距离应为 2 ~ 2.5m；当用防火卷帘代替防火墙而需水幕保护时，其喷水强度不小于 0.5L/s，喷水时间不应小于 3h。

雨淋系统和水幕系统都属于开式系统，即洒水喷头呈开启状态，和湿式系统、预作用系统及干式系统等闭式系统不同的是，雨淋阀到喷头之间的管道内既没有水，也没有气，其喷头喷水全靠控制信号操作雨淋阀来完成。

第四节　水喷雾与细水雾灭火系统

一、水喷雾灭火系统

（一）水喷雾灭火系统的作用

水喷雾灭火系统是利用水雾喷头在较高的水压力作用下，将水流分离成 0.2 ~ 2mm 甚至更小的细小水雾滴，喷向保护对象，由于雾滴受热后很容易变成蒸汽，因此，水喷雾灭火系统的灭火机理主要是通过表面冷却、窒息、稀释、冲击、乳化和覆盖等作用。在实际应用中，水喷雾的灭火作用往往是几种作用的综合结果，对某些特定部位，可能是其中一两个要素起主要作用，而其他灭火作用是辅助的。水喷雾灭火系统的防护目的有灭火和防护冷却两种。

（二）水喷雾灭火系统的设置场所

1. 高层民用建筑内的可燃油油浸电力变压器、充可燃油的高压电容器和多油开关室等房间。

2. 单台容量在 40MV · A 及以上的厂矿企业油浸电力变压器、单台容量在 90MV · A 及以上的电厂油浸电力变压器，或单台容量在 125MV · A 及以上的独立变电所油浸电力变压器。

3. 飞机发动机试验台的试车部位。

4. 天然气凝液，液化石油气罐区总容量大于 $50m^3$ 或单罐容量大于 $20m^3$ 时。

5. 其他需要设置的场所按有关规定执行。

（三）水喷雾灭火系统的组成及工作原理

水喷雾灭火系统是由水源、供水设备、管道、雨淋阀组、过滤器、水雾喷头和火灾自动探测控制设备等组成。系统的自动开启雨淋阀装置，可采用带火灾探测器的电动控制装置和带闭式喷头的传动管装置。该系统在组成上与雨淋系统的区别主要在于喷头的结构和性能不同，而工作原理与雨淋系统基本相同。它是利用水雾喷头在较高的水压力作用下，将水流分离成细小水雾滴，喷向保护对象实现灭火和防护冷却作用的。

二、细水雾灭火系统

（一）细水雾灭火系统的作用

细水雾灭火系统是指通过细水雾喷头在适宜的工作压力范围内将水分散成细水雾，在发生火灾时向保护对象或空间喷放进行扑灭、抑制或控制火灾的自动灭火系统。细水雾灭火系统的灭火机理主要通过吸收热量（冷却）、降低氧浓度（窒息）、阻隔辐射热三种方式达到控火、灭火的目的。与一般水雾相比较，细水雾的雾滴直径更小，水量也更少。因此，其灭火有别于水喷雾灭火系统，类似于二氧化碳等气体灭火系统。

（二）细水雾灭火系统的设置场所

细水雾灭火系统主要适用于钢铁、冶金企业，另外，细水雾灭火系统覆盖面积大，吸热效率高，用水量少，水雾冲击破坏力小，系统容易实现小型化、机动化，现在也广泛应用于偏远缺水的文物古建筑火灾的扑救。

（三）细水雾灭火系统的组成及工作原理

不同类型的细水雾灭火系统，其组成及工作原理有所不同。

1. 泵组式细水雾灭火系统

泵组式细水雾灭火系统由细水雾喷头、泵组、储水箱、控制阀组、安全阀、过滤器、信号反馈装置、火灾报警控制装置、系统附件、管道等部件组成。泵组式细水雾灭火系统以储存在储水箱内的水为水源，利用泵组产生的压力，使压力水流通过管道输送到喷头产生细水雾。

2. 瓶组式细水雾灭火系统

瓶组式细水雾灭火系统主要由细水雾喷头、储水瓶组、储气瓶组、释放阀、过滤器、驱动装置、分配阀、安全泄放装置、气体单向阀、减压装置、信号反馈装置、火灾报警控制装置、检漏装置、连接管、管道管件等组成，瓶组式细水雾灭火系统的工作原理是利用储存在高压储气瓶中的高压氮气为动力，将储存在储水瓶组中的水压出或将一部分气体混入水流中，通过管道输送至细水雾喷头，在高压气体的作用下生成细水雾。

第五节 消防炮灭火系统

一、固定消防炮灭火系统

（一）固定消防炮灭火系统的设置场所

1. 单层、多层建筑

建筑面积大于 3 000 ㎡且无法采用自动喷水灭火系统的展览厅、体育馆观众厅等人员密集场所，建筑面积大于 5 000 ㎡且无法采用自动喷水灭火系统的丙类厂房，宜设置固定消防炮等灭火系统。

2. 飞机库

Ⅱ类飞机库飞机停放和维修区内应设置远控泡沫炮灭火系统。

3. 石油天然气工程

三级天然气净化厂生产装置区的高大塔架及其设备群宜设置固定水炮；三级天然气凝液装置区，有条件时可设固定泡沫炮保护。

（二）固定消防炮灭火系统的类型

1. 按喷射介质分类

（1）水炮系统

水炮系统是指喷射水灭火剂的固定消防炮系统。水炮系统由水源、消防泵组、消防水炮、管路、阀门、动力源和控制装置等组成。水炮系统适用于一般固体可燃物火灾场所，不得用于扑救遇水发生化学反应而引起燃烧、爆炸等物质的火灾。

（2）泡沫炮系统

泡沫炮系统是指喷射泡沫灭火剂的固定消防炮系统。泡沫炮系统主要由水源、泡沫液罐、消防泵组、泡沫比例混合装置、管道、阀门、泡沫炮、动力源和控制装置等组成。泡沫炮系统适用于甲、乙、丙类液体火灾、固体可燃物火灾场所。但不得用于扑救遇水发生化学反应而引起燃烧、爆炸等物质的火灾。

（3）干粉炮系统

干粉炮系统是指喷射干粉灭火剂的固定消防炮系统。干粉炮系统主要由干粉罐、氮气瓶组、管道、阀门、干粉炮、动力源和控制装置等组成，干粉炮系统适用于液化石油气、天然气等可燃气体火灾场所。

2. 按安装形式分类

（1）固定式系统

固定式系统由永久固定消防炮和相应配置的系统组件组成，当防护区发生火灾时，开启消防水泵及管路阀门，灭火介质通过固定消防炮喷嘴射向火源，起到迅速扑灭或抑制火灾的作用。固定式消防炮灭火系统是应用范围最广的消防炮系统。

（2）移动式系统

移动式系统以移动式消防炮为核心，由灭火剂供给装置（如车载/手抬消防泵、泡沫比例混合装置等），管路及阀门等部件组成，若使用带遥控功能的远程控制移动式消防炮还应配备无线遥控装置。移动式系统是一种能够迅速接近火源、实施就近灭火的系统，它主要配备消防部队或企事业单位消防队的专业人员使用。

3. 按控制方式分类

消防炮灭火系统根据操作方式不同，分为远控消防炮系统和手动消防炮灭火系统两种类型。

（1）远控消防炮系统

远控消防炮系统是指可以远距离控制消防炮向保护对象喷射灭火剂灭火的固定消防炮灭火系统。远控消防炮系统一般都配备电气控制装置，分为有线遥控和无线遥控两种方式。

下列场所宜选用远控消防炮系统：有爆炸危险性的场所，有大量有毒气体产生的场所；燃烧猛烈，产生强烈辐射热的场所；火灾蔓延面积较大但损失严重的场所；高度超过 8m 且火灾危险性较大的室内场所；发生火灾时，灭火人员难以及时接近或撤离固定消防炮位的场所。如大型石油库、化学危险品仓库等。

（2）手动消防炮灭火系统

手动消防炮灭火系统是指只能在现场手动操作消防炮的固定消防炮灭火系统。手动消防炮灭火系统以手动消防炮为核心，由灭火剂供给装置、管路及阀门、塔架等部件组成。这类系统操作简单，但应有安全的操作平台。

手动消防炮灭火系统适用于热辐射不大、人员便于靠近的场所。

二、智能消防炮灭火系统

（一）智能消防炮灭火系统的设置场所

凡按照国家有关标准要求应设置自动喷水灭火系统，火灾类别为A类，但由于空间高度较高，采用自动喷水灭火系统难以有效探测、扑灭及控制火灾的大空间场所，宜设置智能消防炮灭火系统。

（二）智能消防炮灭火系统的类型

1. 寻的式智能消防炮灭火系统

寻的式智能消防炮灭火系统由智能消防炮、CCD（Charge Coupled Device）传感器、管路及电动阀、供水/液系统、控制系统等部分组成。其工作流程：发生火灾时，由火灾探测器探测火灾，寻找到火源，并将火源点坐标传送至控制系统，同时发出火警信号。控制系统接到火警信号后，一方面启动供水/液设备准备进行灭火作业，另一方面根据火源点坐标参数及数据库中消防炮不同的俯仰及水平喷射角度对应的射流溅落点坐标，确定消防炮应转动的角度，并驱动消防炮做相应的回转动作。在灭火中，系统不断根据探测器监测的结果调整消防炮的喷射角度，以达到最佳的灭火效果。当由探测器给出火灾已被扑灭，或者达到系统程序规定的灭火时间时，系统自动关闭相关设备，结束灭火作业。该系统具有精确、快速的特点，适用于室内大空间场所。如大型的展览馆、候机楼等。

2. 扫射式智能消防炮灭火系统

扫射式智能消防炮灭火系统的组成及工作原理与寻的式智能消防炮灭火系统基本相同，区别在于该系统使用的消防炮为扫射式智能消防炮（自摆炮），且设有消防炮喷射角度与射流溅落点坐标数据库，从而解决了实际应用中由于意外条件对消防炮射流溅落点的影响。因此，该系统可以应用在室外的危险场所，如大型的易燃易爆危险物品的储罐区。

第六节 气体灭火系统

一、气体灭火系统的作用

气体灭火系统是以某些在常温、常压下呈现气态的物质作为灭火介质，通过这些气体在整个防护区内或保护对象周围的局部区域建立灭火浓度实现灭火。该系统的灭火速度快，灭火效率高，对保护对象无任何污损，不导电，但系统一次投资较大，不能扑灭固体物质深位火灾，且某些气体灭火剂排放对大气环境有一定影响。因此，根据气体灭火系统特有的性能特点，其主要用于保护重要且要求洁净的特定场合，它是建筑灭火设施中的一种重要形式。

二、气体灭火系统的设置场所

（1）国家、省级和人口超过 100 万人的城市广播电视发射塔内的微波机房、分米波机房、变配电室和不间断电源室。

（2）国际电信局、大区中心、省中心和一万路以上的地区中心内的长途程控交换机房、控制室和信令转接点室。

（3）两万线以上的市话汇接局和六万门以上的市话端局内的程控交换机房、控制室和信令转接点室。

（4）中央及省级公安、防灾和网局级以上电力等调度指挥中心内的通信机房和控制室。

（5）A、B 级电子信息系统机房的主机房和基本工作间的已记录磁（纸）介质库。

（6）中央和省级广播电视中心内建筑面积不小于 120 ㎡的音像制品库房。

（7）国家、省级或藏书量超过 100 万册图书馆内的特藏库：中央和省级档案馆内的珍藏库和非纸质档案库；大、中型博物馆内的珍品库房；一级纸绢质文物的陈列室；藏有重要壁画的文物古建筑。

（8）其他特殊重要设备室。

三、气体灭火系统的类型

（一）按使用的灭火剂分类

1. 卤代烷气体灭火系统

以哈龙 1211（二氟一氯一溴甲烷）或哈龙 1301（三氟一溴甲烷）作为灭火介质的气体灭火系统。该系统灭火效率高，对现场设施设备无污染，但由于其对大气臭氧层有较大的破坏作用，使用已受到严格限制。

2. 二氧化碳灭火系统

以二氧化碳作为灭火介质的气体灭火系统。二氧化碳是一种惰性气体，对燃烧具有良好的窒息作用，喷射出的液态和固态二氧化碳在气化过程中要吸热，具有一定的冷却作用。

二氧化碳灭火系统有高压系统（指灭火剂在常温下储存的系统）和低压系统（指将灭火剂在 -18℃ ~ -20℃低温下储存的系统）两种应用形式。

3. 惰性气体灭火系统

惰性气体灭火系统，包括 1G01（氧气）羡火系统、IG0100（氮气）灭火系统、IG55（氧气、氮气）灭火系统、IG54K（氩气、氮气、二氧化碳）灭火系统。惰性气体由于纯粹来自自然，是一种无毒、无色、无味、惰性及不导电的纯“绿色”压缩气体，故又称为洁净气体灭火系统。

4. 七氟丙烷灭火系统

以七氟丙烷作为灭火介质的气体灭火系统。七氟丙烷灭火剂属于卤代烷灭火剂系列，具有灭火能力强、灭火剂性能稳定的特点，但与卤代烷 1301 和卤代烷 1211 灭火剂相比，臭氧层损耗能力（ODP）为 0，全球温室效应潜能值（GWP）很小，不会破坏大气环境。但七氟丙烷灭火剂及其分解产物对人体有毒性危害，使用时应引起重视。

5. 热气溶胶灭火系统

以热气溶胶作为介质的气体灭火系统。由于该介质的喷射动力是气溶胶燃烧时产生的气体压力，而且以烟雾的形式喷射出来，故也称烟雾灭火系统。它的灭火机理是以全淹没、稀释可燃气体浓度或窒息的方式实现灭火。这种系统的优点是装置简单，投资较少，缺点是点燃灭火剂的电爆管控制对电源的稳定性要求较高，控制不好易造成误喷，同时气溶胶烟雾也有一定的污染，限制了它在洁净度要求较高的场所的使用，适用于配电室、自备柴油发电机房等对污染要求不高的场所。

（二）按灭火方式分类

1. 全淹没气体灭火系统

全淹没气体灭火系统指喷头均匀布置在保护房间的顶部，喷射的灭火剂能在封闭空间内迅速形成浓度比较均匀的灭火剂气体与空气的混合气体，并在灭火必需的“浸渍”时间内维持灭火浓度，即通过灭火剂气体将封闭空间淹没实施灭火的系统形式。

2. 局部应用气体灭火系统

局部应用气体灭火系统指喷头均匀布置在保护对象的周围，将灭火剂直接而集中地喷射到燃烧着的物体上，使其笼罩整个保护物外表面，在燃烧物周围局部范围内达到较高的灭火剂气体浓度的系统形式。

（三）按管网的布置分类

1. 组合分配灭火系统

用一套灭火剂储存装置同时保护多个防护区的气体灭火系统称为组合分配系统。组合分配系统是通过选择阀的控制，实现灭火剂释放到着火的保护区。组合分配系统具有同时保护但不能同时灭火的特点。对于几个不会同时着火的相邻防护区或保护对象，可采用组合分配灭火系统。

2. 单元独立灭火系统

在每个防护区各自设置气体灭火系统保护的系统称为单元独立灭火系统。若几个防护区都非常重要或有同时着火的可能性，为了确保安全，宜采用单元独立灭火系统。

3. 无管网灭火装置

将灭火剂储存容器、控制和释放部件等组合装配在一起，系统没有管网或仅有一段短管的系统称为无管网灭火装置。该装置一般由工厂成系列生产，使用时可根据防护区的大小直接选用，亦称预制灭火系统。其适应于较小的、无特殊要求的防护区。无管网灭火装置又分为柜式气体灭火装置和悬挂式气体灭火装置两种。

（四）按加压方式分类

1. 自压式气体灭火系统

自压式气体灭火系统指灭火剂无须加压而是依靠自身饱和蒸汽压力进行输送的灭火系统，如二氧化碳系统。

2. 内储压式气体灭火系统

内储压式气体灭火系统指灭火剂在瓶组内用惰性气体进行加压储存，系统动作时灭火剂靠瓶组内的充压气体进行输送的系统，如IG541系统。

3. 外储压式气体灭火系统

外储压式气体灭火系统指系统动作时灭火剂由专设的充压气体瓶组按设计压力对其进行充压输送的系统，如七氟丙烷系统。

四、气体灭火系统的组成及工作原理

（一）内储压式灭火系统

这类系统由灭火剂瓶组、驱动气体瓶组（可选）、单向阀、选择阀、驱动装置、集流管、连接管、喷头、信号反馈装置、安全泄放装置、控制盘、检漏装置、管道管件及吊钩支架等部件构成。

内储压式气体灭火系统的工作原理：平时，系统处于准工作状态。当防护区发生火灾，产生的烟雾、高温和光辐射使感烟、感温、感光等探测器探测到火灾信号，探测器将火灾信号转变成电信号传送到报警灭火控制器，控制器自动发出声光报警并经逻辑判断后，启动联动装置（关闭开口、停止通风、空调系统运行等），经一定的时间延时（视情况确定），发出系统启动信号，启动驱动气体瓶组上的容器阀释放驱动气体，打开通向发生火灾的防护区的选择阀，之后（或同时）打开灭火剂瓶组的容器阀，各瓶组的灭火剂经连接管汇集到集流管，通过选择阀到达安装在防护区内的喷头进行喷放灭火，同时安装在管道上的信号反馈装置动作，信号传送到控制器，由控制器启动防护区外的释放警示灯和警铃。

另外，通过压力开关监测系统是否正常工作，若启动指令发出，而压力开关的信号迟迟不返回，说明系统故障，值班人员听到事故报警，应尽快到储瓶间，手动开启储存容器上的容器阀，实施人工启动灭火。

这类气体灭火系统常见于内储压式七氟丙烷灭火系统，卤代烷 1211、1301 灭火系统与高压二氧化碳灭火系统。

（二）外储压式七氟丙烷灭火系统和 IG541 混合气体灭火系统

该类系统由灭火剂瓶组、加压气体瓶组、驱动气体瓶组（可选）、单向阀、选择阀、减压装置、驱动装置、集流管、连接管、喷头、信号反馈装置、安全泄放装置、控制盘、检漏装置、管道管件及吊钩支架等部件构成。

工作原理：控制器发出系统启动信号，启动驱动气体瓶组上的容器阀释放驱动气体，打开通向发生火灾的防护区的选择阀，之后（或同时）打开顶压单元气体瓶组的容器阀，加压气体经减压进入灭火剂瓶组，加压后的灭火剂经连接管汇集到集流管，通过选择阀到达安装在防护区内的喷头进行喷放灭火。

这类装置相较内储压气体灭火装置多了一套驱动气体瓶组，用来给灭火剂钢瓶提供螺动喷放压力，而内储压式钢瓶内的灭火剂或靠灭火剂自身蒸汽压或靠预储压力能自行喷出，故内储压式气体灭火系统不需气体瓶组，其他基本相同。IG541 系统也属于这种类型。

（三）低压二氧化碳灭火系统

低压二氧化碳灭火系统一般由灭火剂储存装置、总控阀、驱动器、喷头、管道超压泄放装置、信号反馈装置、控制器等部件构成。

低压二氧化碳灭火系统灭火剂的释放靠自身蒸汽压完成，相较其他气体灭火系统，该系统没有驱动装置。另外，为了维持其喷射压力在适度范围，在其储存灭火剂的容器外设有保温层，使其温度保持在 -18℃ ~ 20℃，以避免环境温度对它的蒸汽压的影响，其他装置和工作原理与内储压式灭火系统基本相同。

（四）热气溶胶灭火系统

热气溶胶灭火系统由信号控制装置、灭火剂储筒、点燃装置、箱体和气体喷射管组成。工作原理：当气溶胶灭火装置收到外部启动信号后，药筒内的固体药剂就会被激活，迅速产生灭火气体。药剂启动方式有以下三种。

1. 电启动

启动信号由系统中的灭火控制器或手动紧急启动按钮提供，即向点燃装置（电爆管）输入一个 24V、1A 的脉冲电流，电流经电点火头点燃固体药粒，产生灭火气体，压力达到定值气体释放灭火。

2. 导火索点燃

当外部火焰引燃连接在固体药剂上的导火索后，导火索点燃固体药剂而启动。

3. 热启动

当外部温度达到 170℃时，利用热敏线自发启动灭火系统内部药剂点燃释放出灭火气体。

为了控制药剂的燃烧反应速度，不致使药筒发生爆炸，常在药剂中加些金属散热片或吸热物品（碱式碳酸镁）从而达到降温、控制燃烧速度目的。

热气溶胶灭火系统大多用于无管网灭火装置，有柜式、手持式和壁挂式三种，根据不同的场所和用途，有不同的结构设计。

（五）无管网灭火装置

无管网灭火装置指各个场所之间的灭火系统无管网连接，均独立设置。这种系统装置简单，常用于面积、空间较小且防护区分散而应当设置气体灭火系统的场所，以替代有管网气体灭火系统。常见的装置形式如下。

1. 柜式气体灭火装置

柜式气体灭火装置一般由灭火剂瓶组、驱动气体瓶组（可选）、容器阀、减压装置（针对惰性气体灭火装置）、驱动装置、集流管（只限多瓶组）、连接管、喷嘴、信号反馈装置、安全泄放装置、控制盘、检漏装置、管道管件等部件组成。其基本组件与有管网装置相同，只是少了保护场所的选择阀和之间的连接管道。另外，因保护面积小，所需的灭火剂钢瓶少，故可将整个装置集成在一个柜子里。

2. 悬挂式气体灭火装置

悬挂式气体灭火装置由灭火剂储存容器、启动释放组件、悬挂支架等组成。

第七节 泡沫灭火系统

一、泡沫灭火系统的作用

泡沫灭火系统是指将泡沫灭火剂与水按一定比例混合，经泡沫产生装置产生灭火泡沫的灭火系统。由于该系统具有安全可靠、经济实用、灭火效率高、无毒性的特点，所以从 20 世纪初开始应用至今，是扑灭甲、乙、丙类液体火灾和某些固体火灾的一种主要灭火设施。

二、泡沫灭火系统的设置场所

泡沫灭火系统主要应用于石油化工企业、石油库、石油天然气工程、飞机库、汽车库、修车库、停车场等场所，具体要求参照相关国家规范执行。

三、泡沫灭火系统的组成及工作原理

泡沫灭火系统由泡沫产生装置、泡沫比例混合器、泡沫混合液管道、泡沫液储罐、消防泵、消防水源、控制阀门等组成。

工作原理：保护场所起火后，自动或手动启动消防泵，打开出水阀门，

水流经过泡沫比例混合器后，将泡沫液与水按规定比例混合形成混合液，然后经混合液管道输送至泡沫产生装置，将产生的泡沫施放到燃烧物的表面上，将燃烧物表面覆盖，从而实施灭火。

四、泡沫灭火系统的类型

（一）按安装方式分类

1. 固定式泡沫灭火系统

固定式泡沫灭火系统指由固定的消防水源、消防泵、泡沫比例混合器、泡沫产生装置和管道组成，永久安装在使用场所，当被保护场所发生火灾需要使用时，不需其他临时设备配合的泡沫灭火系统。这种系统的保护对象也是固定的。

2. 半固定式泡沫灭火系统

半固定式泡沫灭火系统指由固定的泡沫产生装置、局部泡沫混合液管道和固定接口以及移动式的泡沫混合液供给设备组成的灭火系统。当被保护场所发生火灾时，用消防水带将泡沫消防车或其他泡沫混合液供给设备与固定接口连接起来，通过泡沫消防车或其他泡沫供给设备向保护场所内供给泡沫混合液实施灭火。这种系统的保护对象不是单一的，它可以用消防水带将泡沫产生装置与不同的保护对象连接起来，组成一个个独立系统。这种系统灵活多变，节省投资，但要在灭火时连接水带，不能用于联动控制。

3. 移动式泡沫灭火系统

移动式泡沫灭火系统指用水带将消防车或机动消防泵、泡沫比例混合装置、移动式泡沫产生装置等临时连接组成的灭火系统。当被保护对象发生火灾时，靠移动式泡沫产生装置向着火对象供给泡沫灭火。需要指出，移动式泡沫灭火系统的各组成部分都是针对所保护对象设计的，其泡沫混合液供给量、机动设施到场时间等方面都有要求，而不是随意组合的。

（二）按发泡倍数分类

1. 低倍数泡沫灭火系统

指发泡倍数小于 20 的泡沫灭火系统。

2. 中倍数泡沫灭火系统

指发泡倍数为 21 ~ 20 的泡沫灭火系统。

3. 高倍数泡沫灭火系统

指发泡倍数为 201 ~ 1 000 的泡沫灭火系统。

高倍数泡沫灭火系统分为全淹没式、局部应用式和移动式三种类型。①全淹没式，指用管道输送高倍数泡沫液和水，发泡后连续地将高倍数泡沫释放并按规定的高度充满被保护区域，并将泡沫保持到所需的时间，进行控火或灭火的固定系统。②局部应用式，指向局部空间喷放高倍数泡沫，进行控火或灭火的固定、半固定系统。③移动式指车载式或便携式系统。

（三）按泡沫喷射形式分类

低倍泡沫灭火系统按泡沫喷射形式不同分为以下五种类型。

1. 液上喷射泡沫灭火系统

液上喷射泡沫灭火系统指将泡沫产生装置或泡沫管道的喷射口安装在罐体的上方，使泡沫从液面上部喷入罐内，并顺罐壁流下覆盖燃烧油品液面的灭火系统。这种灭火系统的泡沫喷射口应高于液面，常用于扑救固定顶罐的液面火灾。

2. 液下喷射泡沫灭火系统

液下喷射泡沫灭火系统是将泡沫从液面下喷入罐内，泡沫在初始动能和浮力的推动下上浮到达燃烧液面，在液面与火焰之间形成泡沫隔离层以实施灭火的系统。这种灭火系统既能用于固定顶箱液面火灾，也适用于浮顶罐的液面火灾。

3. 半液下喷射泡沫灭火系统

将一轻质软带卷存于液下喷射管内，当使用时，在泡沫压力和浮力的作用下软带漂浮到燃烧液表面使泡沫从燃烧液表面上释放出来实现灭火。这种灭火系统的优点是泡沫由软带直接送达液面或接近液面，省了一段泡沫漂浮的距离，泡沫到达液面的时间短、覆盖速度快，灭火效率自然高。这种灭火系统由于喷射管内的软带长度有限，液面高度也会不同，有时软带会达不到液面，泡沫仍会有一段漂浮上升距离，故称为半液下喷射泡沫灭火系统。

4. 泡沫喷淋灭火系统

泡沫喷淋灭火系统是在自动喷水灭火系统的基础上发展起来的一种灭火系统，其主要由火灾自动报警及联动控制设施、消防供水设施、泡沫比例混合器、雨淋阀组、泡沫喷头等组成。其工作原理与雨淋系统类似，利用设置在防护区上方的泡沫喷头，通过喷淋或喷雾的形式释放泡沫或释放水成膜泡沫混合液，覆盖和阻隔整个火区，用来扑救室内外甲、乙、丙类液体初期的地面流淌火灾。

5. 泡沫炮灭火系统

泡沫炮灭火系统的组成和工作原理基本和固定消防炮系统相同，只不过是增加了泡沫发生器，故详细说明请参阅本章第五节固定消防炮系统的相关内容。

第八节 干粉灭火系统

一、干粉灭火系统的作用

干粉灭火系统借助于惰性气体压力的驱动，并由这些气体携带干粉灭火剂形成气粉两相混合流，经管道输送至喷嘴喷出，通过化学抑制和物理灭火共同作用来实施灭火。

二、干粉灭火系统的设置场所

（1）石油化工企业内烷基铝类催化剂配制区宜设置局部喷雾式 D 类干粉灭火系统。

（2）火车、汽车装卸液化石油气栈台宜设置干粉灭火设施。

（3）对污染要求不高的丙类物品仓库、配电室等。

（4）某些轻金属火灾。

三、干粉灭火系统的组成及工作原理

干粉灭火系统在组成上与气体灭火系统相类似，由灭火剂供给源、输送灭火剂管网、干粉喷嘴、火灾探测与控制启动装置等组成。

干粉灭火系统工作原理：当保护对象着火后，温度迅速上升达到规定的数值，探测器发出火灾信号到控制器，当启动机构接收到控制器的启动信号后，将启动瓶打开，启动瓶中的一部分气体通过报警喇叭发出火灾报警，大部分气体通过管道上的止回阀，把高压驱动气体气瓶的瓶头阀打开，瓶中的高压驱动气体进入集气管，经高压阀进入减压阀，减压至规定的压力后，通过进气阀进入干粉储罐内，搅动罐中干粉灭火剂，使罐中干粉灭火剂疏松形成便于流动的粉气混合物，当干粉罐内的压力上升到规定压力数值时，定压动作机构开始动作，将干粉罐出口的球阀打开，干粉灭火剂则经总阀门、

选择阀、输粉管和喷嘴喷向着火对象，或者经喷枪喷射到看火物的表面，实施灭火。

四、干粉灭火系统类型

（一）按灭火方式分类

1. 全淹没式干粉灭火系统

全淹没式干粉灭火系统指将干粉灭火剂释放到各防护区，通过在防护区空间建立起灭火浓度来实施灭火的系统形式。该系统的特点是对防护区提供整体保护，适用于较小的封闭空间、火灾燃烧表面不宜确定且不会复燃的场合，如油泵房等场合。

2. 局部应用式干粉灭火系统

局部应用式干粉灭火系统指通过喷嘴直接向火焰或燃烧表面喷射灭火剂实施灭火的系统。当不宜在整个房间建立灭火浓度或仅保护某一局部范围、某一设备、室外火灾危险场所等，可选择局部应用式干粉灭火系统，例如用于保护甲、乙、丙类液体的敞顶罐或槽，不怕粉末污染的电气设备以及其他场所等。

（二）按设计情况分类

1. 设计型干粉灭火系统

设计型干粉灭火系统指根据保护对象的具体情况，通过设计计算确定的系统形式。该系统中的所有参数都需经设计确定，并按设计要求选择各部件设备的型号。较大保护场所或有特殊要求的保护场所宜采用设计型系统。

2. 预制型干粉灭火系统

预制型干粉灭火系统指由工厂生产的系列成套干粉灭火设备，系统的规格是通过对保护对象做灭火试验后预先设计好的，即所有设计参数都已确定，使用时只需选型，不必进行复杂的设计计算。当保护对象不是很大且无特殊要求的场合，一般选择预制型系统。

（三）按系统保护情况分类

1. 组合分配系统

当一个区域有几个保护对象且每个保护对象发生火灾后又不会蔓延时，可选用组合分配系统，即用一套系统同时保护多个保护对象。

2. 单元独立系统

若火灾的蔓延情况不能预测，则每个保护对象应单独设置一套系统保护，即单元独立系统。

（四）按驱动气体储存方式分类

1. 储气式干粉灭火系统

储气式干粉灭火系统指将驱动气体（氮气或二氧化碳气体）单独储存在储气瓶中，灭火使用时，再将驱动气体充入干粉储罐，进而携带驱动干粉喷射实施灭火。干粉灭火系统大多数采用的是该种系统形式。

2. 储压式干粉灭火系统

储压式干粉灭火系统指将驱动气体与下粉灭火剂同储于一个容器，灭火时直接启动干粉储罐。这种系统结构比储气系统简单，但要求驱动气体不能泄漏。

3. 燃气式干粉灭火系统

燃气式干粉灭火系统指驱动气体不采用压缩气体，而是在火灾时点燃燃气发生器内的固体燃料，通过其燃烧生成的燃气压力来驱动干粉喷射实施灭火。

第四章 建筑火灾事故处理

第一节 火灾报警与处警

一、火灾报警

（一）报火警的对象

1. 向周围的人员发出火灾警报，召集他们前来参加扑救或疏散物资。

2. 向周边最近的专职或义务消防队报警。他们一般离火场较近，能较快到达火场。

3. 向消防救援队报警。有时尽管失火单位有专职消防队，也应向消防救援队报警，消防救援队是灭火的主要力量，不可等本单位扑救不了时再向消防救援队报警，缺乏专业的消防措施往往会延误最佳的灭火时机。

4. 向受火灾威胁的人员发出警报，要他们迅速做好疏散准备。发出警报时要根据火灾处置预案，做出局部或全部疏散的决定，并告诉群众要从容、镇静，避免引起慌乱、拥挤。

（二）报火警的方法

发现火灾后积极报警是非常重要的，在具体实施报警时，除装有自动报警系统的单位可以自动报警外，消防管理人员可根据条件分别采取以下方法报警。

1. 向单位和周围的人群报警

（1）使用手动报警设施报警。如使用电话、警铃、对讲机或其他平时约定的报警手段报警。

（2）使用单位或企业的广播设备报警。

（3）向四周大声呼喊报警。

（4）派人到本单位的领导或专职消防部门报警。

2. 向消防救援队报警

（1）拨打“119”火警电话，向消防救援队报警。

（2）没有电话等报警设施，且离消防队较远时，派专人采取其他手段报警。

总之，消防管理人员要以最快的速度将火警报出去，报警的方法要灵活，利用一切可能的手段及时报警。

（三）报火警的内容

1. 发生火灾单位或个人的详细地址

城市发生火灾，要讲明街道名称、门牌号码，附近标志性建筑等。农村发生火灾要讲明县、乡（镇）、村庄名称；大型企业要讲明分厂、车间或部门；高层建筑要讲明第几层楼等。总之，地址要讲得具体、明确。

2. 起火物

如房屋、商店、油库、露天堆场等，房屋着火最好讲明是何种建筑，如棚屋、砖木结构、新式厂房、高层建筑等。尤其要注意讲明起火物为何物，如液化石油气、汽油、化学试剂、棉花、麦秸等都应讲明白，以便消防部门根据情况携带针对性的特殊消防器材，派出相应的专业灭火人员和车辆。

3. 火势情况

如只见冒烟、有火光、火势猛烈，有多少间房屋着火、有无人员被围困等情况。

4. 报警人姓名及所用电话的号码

以上情况报完时，报警人应当将自己的姓名及所用电话的号码告知接警台，以便消防部门联系和了解火场情况。报火警之后，还应派人到路口接应消防车。

（四）报火警的要求

1. 发生火灾时，应视火场情况，在积极扑救的同时不失时机地报警

一旦发生火灾，应当根据火场情况选择先报警还是先扑救。若在自己身边发现火灾初起，靠自己的力量能够有效扑救，就应当先行扑救，但在积极扑救的同时应不失时机地报警；若火已着大，凭自己的力量难以扑灭，就应当先报警，同时呼唤其他人前来扑救。如河南省安阳市东工家具厂火灾，

在场的本厂职工许国富发现后，一边叫人去报警，一边立即使用身边的灭火器灭火。不到三分钟就将火势控制住，当消防队赶到现场时，火已被扑灭，除了烧毁一个配电箱外，无其他损失。

2. 要学会正确的报警方法

在平时的消防安全宣传教育中，要让每位公民，甚至是小学生和幼儿园的小朋友都能够学会正确的报警方法，不但要熟记火警电话，还要掌握报警方法和报警内容。不掌握正确的报警方法往往会延误灭火时机，造成更大的人员伤亡和财产损失。

3. 不要怕追究责任或受经济处罚而不报警

有的操作人员由于自己的操作失误导致了火灾，不及时报警，怕追究责任或受经济处罚等，凭侥幸心理，以为自己有足够的力量扑灭就不向消防队报警，结果小火酿成大灾。

4. 不要怕影响评先进、评奖金，怕影响声誉而不报警

有的单位发生火灾，不是要求职工积极报警，而是怕影响评先进、发奖金，怕影响声誉而不报警；有的甚至做出专门规定，报警必须经过领导批准。这样做的结果，往往使小火酿成大灾。如广东某制衣厂发生火灾，值班保安发现后根据本厂规定，先请示保安部经理，保安部经理又请示总经理，总经理不在，又打手机，在总经理同意后报警时半个小时已经过去。结果错失了使楼上职工逃生的机会，造成了 70 人死亡、47 人重伤的特大火灾事故。

（五）谎报火警的处罚

发生火灾时，及时报火警是每个公民的责任和义务，但是谎报火警是要受到处罚的。这些谎报火警的人，有的是抱着试探心理，看报警后消防车是否会来；有的是为报复对自己有意见的人，用报警方法搞恶作剧故意捉弄对方；有的是无聊、空虚，寻求新鲜、刺激等。不管出于什么目的，都是违反消防法规，妨害公共安全的行为。这是因为，每个地区所拥有的消防力量是有限的，因谎报火警而出动车辆，必然会削弱正常的值勤力量。如果在这时某单位真的发生了火灾，就会影响消防机构正常出动车辆和扑救火灾，以致造成不应有的损失和人员伤亡，所以谎报火警或阻拦报火警的行为是扰乱公共消防秩序、妨害公共安全的行为。按照《中华人民共和国消防法》的规定：任何人发现火灾时，都应当立即报警。任何单位、个人都应当无偿为报警提

供便利，不得阻拦报警，严禁谎报火警。谎报火警或阻拦报火警的，应按《中华人民共和国治安管理处罚法》的有关规定予以处罚。

二、火警处置程序

（一）员工发现火情时的处置程序

1. 单位员工发现火情时，应立即通过报警按钮、内部电话或无线对讲系统等有效方式向消防控制室报警并组织相关人员灭火，同时拨打“119”电话报警。

2. 消防控制室值班人员接到火情报告后，要立即启动消防广播，同时向单位领导汇报，启动应急预案，并告之顾客不要惊慌，在单位员工的引导下迅速安全疏散、撤离；设有正压送风、排烟系统和消防水泵等设施的，要立即启动，确保人员安全疏散和有效扑救初起火灾；并拨打“119”电话向消防队报警。

3. 相关人员接到消防控制室值班人员发出的火警指令后，要迅速按照预案中的职责分工，投入战斗，同时做到：灭火行动组的人员立即跑向火灾现场实施增援灭火；疏散引导组引导各楼层人员紧急疏散；通信联络组继续拨打“119”电话报警。

（二）消防控制室值班人员火警处置程序

1. 当消防控制室值班人员接到火灾自动报警系统发出的火灾报警信号时，要通过单位内部电话或无线对讲系统立即通知巡查人员或报警区域的楼层值班、工作人员立即迅速赶往现场实地查看。

2. 查看人员确认火情后，要立即通过报警按钮、楼层电话或无线对讲系统向消防控制室反馈信息，并同时组织相关人员进行灭火和引导疏散。

3. 消防控制室接到确认的火情报告后要同时做到：立即启动消防广播，并告之顾客不要惊慌，在单位员工的引导下迅速安全疏散、撤离；设有正压送风、排烟系统和消防水泵等设施的，要立即启动，确保人员安全疏散和有效扑救初起火灾，同时拨打单位灭火总指挥电话和“119”火警电话。

4. 单位灭火总指挥迅速赶赴消防控制室指挥灭火，启动应急预案，迅速按照预案中的职责分工，投入战斗，同时做到：灭火行动组的人员立即跑向火灾现场实施增援灭火；疏散引导组引导各楼层人员紧急疏散；通信联络组继续拨打“119”电话报警；安全防护救护组携带药品到达现场，准备救护受伤人员。

第二节　初期火灾的扑救

一、初期火灾扑救的战术原则

（一）救人第一的原则

救人第一，是指火场上如果有人受到火势威胁，消防队员的首要任务就是把被火围困的人员抢救出来。运用这一原则，要根据火势情况和人员受火势威胁的程度而定。在火势较小，灭火力量较弱，救人和灭火不能兼顾时，首要任务就是想方设法把被火围困的人员解救出来。在灭火力量较强时，灭火和救人可以同时进行，但绝不能因灭火而贻误救人时机。人未救出之前，灭火是为了打开救人通道或减弱火势对人员的威胁程度，从而更好地为救人脱险创造条件。在具体实施救人时应遵循“就近优先、危险优先、弱者优先”的基本原则。

（二）先控制、后消灭的原则

1. 建筑物失火

当建筑物一端起火向另一端蔓延时，可从中间适当部位进行控制；建筑物的中间着火时，应在着火部位的两侧进行控制，防止火势向两侧更远处蔓延，并以下风方向为主，发生楼层火灾时，应在上下临近楼层进行控制，以控制火势向上蔓延为主。

2. 油罐失火

油罐起火后，要冷却燃烧的油罐，以降低其燃烧强度，保护罐壁；同时要注意冷却邻近油罐，防止其因温度升高而发生爆炸。

3. 管道失火

当管道起火时，要迅速关闭管道阀门，以断绝可燃物；堵塞漏洞，防止气体或液体扩散；同时要保护受火势威胁的生产装置、设备等。不能及时关闭阀门或阀门损坏无法断料时，应在严密保护下暂时维持稳定燃烧，并立即设法导流、转移。

4. 易燃易爆单位（或部位）失火

易燃易爆单位（或部位）发生火灾时，应以防止火势扩大和排除爆炸危险为首要任务；同时要迅速疏散和保护有爆炸危险的物品，对不能迅速灭火和不易疏散的物品要采取冷却措施，防止受热膨胀爆裂或起火爆炸而扩大火灾范围。

5. 货场堆垛失火

若一垛起火，应控制火势向邻垛蔓延。若货区边缘的堆垛起火，应控制火势向货区内部蔓延；若中间垛起火，应保护周围堆垛，以下风方向为主。

（三）先重点，后一般的原则

先重点、后一般，是就整个火场情况而言的。运用这一原则，要全面了解并认真分析火场的情况，分清什么是重点，什么是一般。主要如下。

1. 人和物相比，救人是重点。

2. 贵重物资和一般物资相比，保护和抢救贵重物资是重点。

3. 火势蔓延猛烈的方面和其他方面相比，控制火势蔓延猛烈的方面是重点。

4. 有爆炸、毒害、倒塌危险的方面和没有这些危险的方面相比，处置这些危险的方面是重点。

5. 火场上的下风方向与上风、侧风方向相比，下风方向是重点。

6. 可燃物资集中区域和这类物品较少的区域相比，可燃物资集中区域是保护重点。

7. 要害部位和其他部位相比，要害部位是火场上保护的重点。

二、初期火灾扑救的基本方法

（一）冷却灭火法

1. 本单位如有自动喷水灭火系统、消火栓系统或配有相应的灭火器，应使用这些灭火设施灭火。

2. 如缺乏消防器材设施，可使用简易工具，如用水桶、面盆等盛水灭火。但必须注意，对于忌水物品切不可用水进行扑救。

（二）隔离灭火法

隔离灭火法，是将燃烧物与附近可燃物隔离或者疏散开，从而使燃烧停止。这种方法适用于扑救各种固体、液体、气体火灾。火场上采取隔离灭火时可采用以下具体措施。

1. 将火源附近的易燃易爆物质转移到安全地点；

2. 关闭设备或管道上的阀门，阻止可燃气体、液体流入燃烧区；

3. 排除生产装置、容器内的可燃气体、液体，阻拦、疏散可燃液体或扩散的可燃气体；

4. 拆除与火源相毗连的易燃建筑结构，造成阻止火势蔓延的空间地带；

5. 采用泥土、黄沙筑堤等方法，阻止流淌的可燃液体流向燃烧点。

（三）窒息灭火法

1. 窒息灭火的具体措施

运用窒息法扑救火灾时，可采用以下具体措施。

（1）用石棉被、湿麻袋、湿棉被、泡沫等不燃或难燃材料覆盖燃烧物或封闭孔洞；

（2）使用泡沫灭火器喷射泡沫覆盖燃烧表面。将水蒸气、惰性气体（如二氧化碳、氮气等）充入燃烧区域；

（3）利用容器、设备的顶盖盖没燃烧区。如油锅起火时，可立即盖上锅盖，或将青菜倒入锅内。

（4）用沙、土覆盖燃烧物。对忌水物质则必须采用干燥沙、土扑救。

（5）利用建筑物上原有的门窗以及生产储运设备上的部件来封闭燃烧区，阻止空气进入。此外，在无法采取其他扑救方法而条件又允许的情况下，可采用水淹没（灌注）的方法进行扑救。

2. 窒息灭火的注意事项

在采取窒息法灭火时，必须注意以下几点。

（1）燃烧部位较小，容易堵塞封闭，在燃烧区域内没有氧化剂时，适于采取这种方法。

（2）在采取用水淹没或灌注方法灭火时，必须考虑到火场物质被水浸没后是否会产生不良后果。

（3）采取窒息方法灭火以后，必须在确认火已熄灭后，才可打开孔洞进行检查。严防过早地打开封闭的空间或生产装置，而使空气进入，造成复燃或爆炸。

（四）抑制灭火法

抑制灭火法，是将化学灭火剂喷入燃烧区参与燃烧反应，中止链反应而使燃烧反应停止。采用这种方法可使用的灭火剂有干粉和卤代烷灭火剂。灭火时，将足够数量的灭火剂准确地喷射到燃烧区内，使灭火剂阻断燃烧反应，同时还要采取必要的冷却降温措施，以防复燃。

在火场上采取哪种灭火方法，应根据燃烧物质的性质、燃烧特点和火场的具体情况，以及灭火器材装备的性能进行选择。

三、初期火灾扑救的指挥要点

（1）及时报警，组织扑救。无论在任何时间和场所，一旦发现起火，都要立即报警，指挥人员在派专人向消防救援部门报警的同时，组织群众利用现场灭火器材灭火。

（2）积极抢救被困人员。当火场上有人被围困时，要组织身强力壮人员，在确保安全的前提下，积极抢救被困人员，并组织人员进行安全疏散。

（3）疏散物资，建立空间地带。在消防队到来之前，单位应组织人员在火场周边清理空间地带，疏通消防通道，消除障碍物，以便消防车到达火场后能立即进入最佳位置灭火救援；同时组织一定的人力和机械设备，将受到火势威胁的物资疏散到安全地带，减少火灾损失。疏散出来的物资要由专人看管，一旦发现夹带了火星，应立即处置。

（4）防止扩大环境污染。火灾的发生，往往会造成环境污染。泄漏的有毒气体、液体和灭火用的泡沫等还会对大气或水体造成污染。有时，燃烧的物料，不扑灭只会对大气造成污染，如果扑灭早了反而还会对水体造成更严重的污染。所以，当遇到类似火灾时，如果燃烧的火焰不会对人员或其他建筑物、设备构成威胁时，在泄漏的物料无法收集的情况下，灭火指挥员应当果断地决定，宁肯让其烧完也不宜将火扑灭，以避免有毒物质流入江河，对环境造成更大的污染。

第三节　安全疏散与自救逃生

一、安全疏散的组织

（一）人员的安全疏散

1. 稳定被困人员情绪，防止混乱

火灾现场往往是火光冲天，浓烟滚滚，尤其在夜间或断电的情况下，更是漆黑一片，给人一种非常恐怖的感觉。此时，没有经过特殊心理训练的人往往会惊慌失措，手忙脚乱，不知如何是好。因此，现场的指挥者，首先自己应当沉着冷静，果敢机警，采取喊话的方式稳定大家的情绪。告诉大家，我是什么负责人，现在是什么位置的什么东西着火，请大家不要慌乱，积极配合，听我指挥，按指定路线尽快撤离火灾现场，使在场人员安全疏散出去。

2. 告知注意事项，做好必要准备

为了让火灾现场人员能够安全顺利地疏散出去，现场组织者还应当把疏散中应注意的事项告诉大家。如把干毛巾或身上的衣服弄湿捂住自己的口鼻，如果没有湿毛巾，千万不要急跑，以免被烟呛到。因为急跑会加大肺的呼吸量。应该采用短呼吸法，用鼻子呼吸，迅速撤出烟雾区。需要疏散装备的，还应当告知必要的使用方法。

3. 维持疏散秩序，防止相互拥挤

安全疏散时一定要维持好秩序，注意防止互相拥挤，有人跌倒时，要设法阻断人流，迅速扶起摔倒的人员，防止出现踩踏事故。对于老弱病残、婴幼儿等火灾高危群体，还应当做好背、拉、抬、搀扶等帮扶工作。在疏散通道的拐弯、岔道等容易走错方向的地方，应设立“哨位”指示方向，防止现场人员在疏散时误入死胡同或进入危险区域。

4. 选择正确路线和方法疏散

按照平时制定的灭火和应急疏散预案，选择正确的路线疏散，在疏散时，如人员较多或现场能见度很差时，应在熟悉疏散通道人员的带领下，鱼贯地撤离起火点。带领人可用绳子牵领，用“跟着我”的喊话或前后扯着衣襟方法将人员撤至室外或安全地点。当烟雾弥漫走道或楼梯间时，要及时启动机械排烟系统排烟，并尽可能地引导现场人员从远离着火区的疏散楼梯疏散。

5. 疏散结束，应清点人数

在组织人员疏散到安全地点后，对于大批的人员应当注意清点人数，防止有遗漏未逃出的人员。尤其是婴幼儿、学生、老弱病残等火灾高危群体的人员，要做详细清点。

6. 制止脱险者重返火场

脱离险境的人员，往往因某种心理的驱使，不顾一切，想重新回到原处达到目的，如自己的亲人还被围困在房间里，急于救出亲人；怕珍贵的财物被烧，急切地想抢救出来等。这不仅会使他们重新陷入危险境地，且给火场扑救工作带来困难。所以，火场指挥人员应组织专人安排好这些脱险人员，做好安慰工作，以保证他们的安全。

（二）物资的安全疏散

1. 应重点疏散的物资

（1）有可能扩大火势和有爆炸危险的物资

例如，起火点附近的汽油、柴油油桶，充装有气体的钢瓶以及其他易燃易爆和有毒的危险品，遇水可发出易燃气体的物资等。

（2）性质重要、价值昂贵的物资

例如，重要档案资料、高级仪器设备、珍贵文物以及经济价值较大的生产原料、产品、设备等。这些物资一旦被毁，很难恢复，无法挽回。

（3）影响灭火战斗的物资

例如，妨碍灭火行动的物资，怕水的物资（电石、糖、纸张）等。

2. 疏散物资的要求

（1）将参加疏散的职工或群众编成组，指定负责人，使整个疏散工作有秩序地进行。

（2）首先疏散受水、火、烟威胁最大的物资。

（3）疏散出来的物资应堆放在上风向的安全地点，不得堵塞通道，并派人看护。

（4）尽量利用各类搬运机械进行疏散，如企业单位的起重机、输送机、汽车、装卸机等。

二、火场逃生自救的方法及注意事项

（一）火场逃生自救的方法

1. 熟悉环境，有备无患

一般来说，人们对长期生活居住的地域环境比较熟悉，若遇到火灾即可迅速撤离火灾现场，因而人员伤亡较少。倘若到陌生的地方，尤其是去商场、影剧院或住宾馆时，都应留意大门、楼梯、进出口通道及紧急备用出口的方位和特征，做到心中有数。一旦遇到火灾险情时，不至于迷失方向而盲目地闯入火海。

2. 头脑冷静，临危不乱

火灾突然发生后，对于身处火场者来说，惊慌失措是最致命的弱点。保持清醒的头脑，冷静思考，才能做出快速反应，选择最佳逃生方法。尤其楼房着火时，更不能惊慌失措，以免做出错误的决断，如冒险跳楼。可以用一种简单的自我暗示法使自己冷静下来，如单调地、缓慢地默念“不要慌，我会逃出去的”“我感觉很好，十分镇定”，直到紧张的心理被消除为止。消除紧张心理后，遇难者就会临危不乱，利用平时掌握的逃生知识实施逃生自救。

3. 找准时机，果断逃生

面对突如其来的火灾，初起时，有扑救能力的成年人，可以尝试用现有灭火器材灭火，同时要记住报火警。如果火势已经比较大，超出自己的扑救能力范围时，就不要再尝试灭火了，这时的任务就是选择合适的逃生方法果断逃生，如果是房间内起火，逃离房间时要随手关门，这样可以控制火势和延长逃生的时间。然后朝背火的方向，沿着疏散指示标志，从最近的安全通道迅速离开火场；如果是房间外着火，开门查看火情前要先试一下门把手或门板，如果是凉的，可以将门打开一条小缝判断外面的情况后再选择逃生方案。如果门把手已经很热，说明大火已经离房间不远，这时须做好必要的准备，冲出着火带。

4. 湿巾捂鼻，闯过浓烟区

现代建筑虽然比较牢固，但几乎所有的装饰材料，诸如塑料壁纸、化纤地板、聚苯乙烯泡沫板、人造宝丽板等，均为易燃物品。这些化学装饰材料燃烧时会散发出有毒的气体，随着浓烟以快于人奔跑时速 4 ~ 8 倍的速度迅速蔓延，人们即使不被烧死，也会因烟雾窒息死亡。

在火场逃生必须经过浓烟区时，逃生者可以戴上平时备用的防毒面具，如现场没有防毒面具时，可就地取材，把毛巾用水打湿，折叠起来，捂住口鼻，能起到很好的防烟作用，一般情况下，毛巾折成 8 层即可消除 60% 的烟雾，在这种情况下，人在充满强烈刺激性烟雾的十五 m 走廊里缓慢行走，没有刺激性感觉。在使用湿毛巾时，应将毛巾的含水量控制在毛巾本身重量的三倍以下。在穿越烟雾区时，即使感觉到呼吸阻力增大，也绝不能能将毛巾从口鼻上拿开，否则就可能立即中毒。因烟气及毒气比空气轻，贴近地面的空气，烟气浓度比较小，含氧量较多，所以在逃生时，不管是戴着面具还是用毛巾捂住口鼻，都要弯身低行，手扶墙壁，必要时可以在地上匍匐前进，以减少烟气的侵袭。在火场上发现烟雾中毒者时，应立即将其送往医院抢救。

5. 鼓足勇气，冲出着火带

当火场逃生必须通过火势不猛的着火地带时，再着急也不能在毫无保护和准备的情况下乱冲，否则与自跳火坑没什么两样，为了尽量避免被火灼伤，冲过着火带前，应将自己身上的衣帽、鞋袜浇湿，然后用浸湿的棉被或毯子盖住头和身体，鼓足勇气，屏住呼吸，迅速果断地冲过着火带，也可成功逃生。

6. 巧用地形，利用自然条件逃生

不同的建筑有不同的结构特点，有些地形是可以用来逃生的。如建筑上附设的落水管、毗邻的阳台、邻近的楼顶以及楼顶上的水箱等，都可能为人们提供死里逃生的一线生机。这些都需要人们平时注意留心观察，熟记于心。着火后，火焰挟着浓烟滚滚而来，所以首先要辨别逃离的方向，选择逃生的方法。如前述方法都不可用时，就可以利用这些自然条件逃生。当向下逃生的疏散通道被烧塌，或被浓烟烈火封堵时，也可沿疏散楼梯跑到楼顶的天台，等待消防队的云车梯救援。

（二）火场逃生注意事项

1. 积极互救，相互帮助

火灾发生后，受灾者间要积极互救，可以用敲门、呼喊等方式告知其他人尽快逃生，在疏散途中要扶老携幼，相互帮助。

2. 不要因为贪财而延误逃生时机

在火场中，人的生命是最重要的。身处险境，应尽快撤离，不要因害羞或顾及自己的贵重物品，而把宝贵的逃生时间浪费在穿衣或寻找搬离贵重物品上。已经逃离险境的人员，切忌重回险地，自投罗网。

3. 撤离时不可搭乘电梯

火灾发生时，烟气沿水平方向的蔓延速度为每秒 0.7 ~ 0.8m，沿竖直方向的蔓延速度为每秒 3 ~ 4m。普通客梯就像烟囱一样，很快会充满烟雾；另外，火灾时正常供电被切断，普通客梯只有一路供电，一旦断电，就会将人困在电梯里面，造成新的危险。被困人员应从安全楼梯进行疏散。

4. 防止被火烧身

在火灾现场，如果身上着了火，千万不要四处乱跑，拼命拍打，因为奔跑时会形成一股小风，带来大量的新鲜空气，就像给火炉扇风似的，拍打也会加快空气的流动，使火越烧越旺。另外，身上着火的人到处乱跑，还会把火带到其他场所，引起新的起火点。由于身上着火时，一般总是先烧衣服，所以，这时最要紧的是设法先将衣服脱掉，如果来不及脱衣服，也可卧倒在地上打滚，把身上的火苗压灭。在场的其他人员也可用湿麻袋、毯子等物把着火人包裹起来以熄灭火焰；或者向着火人身上浇水，帮助受害者将烧着的衣服撕下；或者跳入附近池塘、小河中将身上的火熄掉。

第四节 火灾事故现场的保护

一、灭火中的现场保护

单位专职消防队或义务消防队是灭火战斗的先锋，其首要任务是扑灭初期火灾，疏散人员、物资，防止火势蔓延，减轻火灾危害。这些火场一线的战斗员在平时就要注意加强对火灾现场的保护意识，才能在扑救火灾时，做好灭火救援过程中的火灾现场保护工作。在进行火情侦察、灭火行动时，要注意发现和保护起火部位、起火点、起火物。对起火部位的灭火行动、实施破拆、清除余火，要讲究方法，科学施救，避免盲目射水盲目翻动，充分保持起火部位原始状态。应注意观察出入口的状况、门窗是否关闭、门锁是否被撬、玻璃是否破碎及其他异常现象，并将这些状况向火灾调查人员反映。无论是群众还是消防队在扑救时，都应该注意发现和保护起火部位和起火点及引火物燃烧蔓延痕迹。

火灾被扑灭后，消防管理人员应及时安排现场保护工作，立即划出警戒区域，禁止无关人员进入现场，保持火灾现场范围内的原有物品的现状不变，对现场内的情况应严密监视，发现余烬复燃或其他异常现象还应采取紧急措施。同时消防管理人员应积极与当地消防救援监督机构联系，请求派人勘查火场，待火场勘查人员到场后，协同调查人员再重新决定保护火灾现场的有关事宜。

二、勘查前的现场保护

现场勘查也应看作是保护现场的继续。有的火灾需要多次勘查。对重大、复杂的火灾，在第一次现场勘查结束后，仍须注意保护好火灾现场，以便在后面的调查中出现疑问时，再回到现场分析研究，彻底查明原因。单位消防管理人员要配合做好后期的现场保护工作，直到调查、勘查工作正式结束。

三、物证的保护方法

在火灾原因诉讼案中，消防部门必须承担举证责任。近年来，因对火灾原因认定不服而引起的行政诉讼案件逐年增多，而矛盾的焦点往往集中在火场物证的采集与保全上。因此，加强火灾现场物证的保护极为重要。

所谓火灾现场物证，就是能反映火灾事故发生、发展过程的现场证据。火灾发生后，作为已经发生的事实，是不可能重现火灾发生的过程的。火灾事故调查人员只能通过收集各种证据来尽可能地重现和推断火灾发生、蔓延和扩大的经过。调查人员在现场勘查过程中往往会提取某些物证，并通过有关物证鉴定机关进行物证鉴定，得到鉴定结论。火灾现场物证鉴定结论是认定火灾原因的重要依据。但是，由于火灾事故破坏性较强，现场常常因火灾扑救、组织人员和物资疏散等，发生了人为的破坏，给火灾现场物资采集与保全增加了难度。消防管理人员在条件成熟的情况下应积极向消防部门提供物证。特别是当发现具有特殊性或者代表性的火灾物证时，消防管理人员应妥善保管，为后面的火灾事故原因调查工作提供参考和借鉴。

总之，消防管理人员的火灾现场保护工作是消防部门火灾原因调查工作的基础。所以，消防管理人员只有及时、严密、妥善地把现场保护好，为火灾调查工作创造有利条件，现场勘查人员才有可能快速、全面、准确地发现、提取火灾遗留下来的痕迹物证，才有可能不失良机地补充提供访问的对象和内容，获取证言材料，才能使每一起火灾事故定性准确、证据充分。

第五节 火灾应急预案的制定与演练

一、制定火灾应急预案的目的

制定灭火和应急疏散预案，是为了在单位面临突发火灾事故时，能够统一指挥，及时有效地整合人力、物力、信息等资源，迅速针对火势实施有组织的扑救和疏散逃生，避免火灾现场的慌乱无序，防止贻误战机和漏管失控，最大限度地减少人员伤亡和财产损失。同时，通过预案的制定和演练，还能发现和整改一般消防安全检查不易发现的安全隐患，进一步提高单位消防安全系数。

二、制定火灾应急预案的前提和依据

（一）制定火灾应急预案的前提

1. 应熟悉单位基本情况

单位基本情况应当包括：单位基本概况和消防安全重点部位情况，消防设施、灭火器材情况，义务消防队人员及装备配备情况。

2. 应熟悉单位重点部位

单位应当将容易发生火灾的部位，一旦发生火灾会影响全局的部位，物资集中的部位以及人员密集的部位确定为消防安全重点部位。通过明确重点部位并分析其火灾危险，指导灭火和应急疏散预案的制定和演练。

（二）制定火灾应急预案的依据

1. 法规、制度依据

《中华人民共和国消防法》、《机关、团体、企业、事业单位消防安全管理规定》、地方消防法规、本单位消防安全制度。

2. 客观依据

单位的基本情况、单位消防设施、器材情况，消防安全重点部位情况。

3. 主观依据

单位职工的文化程度、消防安全素质和防火灭火技能。

三、单位火灾应急预案的内容

（一）火灾应急组织机构及职责

1. 应急指挥部

确定总指挥、副总指挥及成员。

应急指挥部的职责：指挥协调各职能小组和义务消防队开展工作，迅速引导人员疏散，及时控制和扑救初起火灾，协调配合消防救援队开展灭火救援行动。有消防控制中心的单位，应急指挥部位置应设置在消防控制中心。

2. 灭火行动组

确定组长、副组长及队员。

灭火行动组的职责：现场灭火、抢救被困人员。灭火行动组可进一步细分为灭火器灭火小组、消火栓灭火小组、防火卷帘控制小组、物资疏散小组、抢险堵漏小组等。

3. 疏散引导组

确定组长、副组长及成员。

疏散引导组的职责：引导人员安全疏散，确保人员安全快速疏散到安全地带。在安全出口以及容易走错的地点安排专人值守，其余人员分片搜索未及时疏散的人员，并将其疏散至安全区域。公众聚集场所应把引导疏散作为应急预案制定和演练的重点，加强疏散引导组的力量配备。

4. 安全防护救护组

确定组长、副组长及成员。

安全防护救护组的职责：对受伤人员进行紧急救护，并视受伤情况转送医疗机构治疗。

5. 火灾现场警戒组

确定组长、副组长及成员。

火灾现场警戒组的职责：设置警戒线，控制各出口，无关人员只许出不许进，火灾扑灭后，保护现场。

6. 后勤保障组

确定组长、副组长及成员。

后勤保障组的职责：负责通信联络、车辆调配、道路畅通、供电控制、水源保障等。

7. 机动组

确定组长、副组长及成员。

机动组的职责：受指挥部的指挥，负责增援行动。

总之，单位应当根据单位的组织形式、管理模式以及行业特点、规模大小、人员素质等实际情况设置应急组织机构，明确人员和职责，并配备相应的设施、器材和装备。

（二）火灾应急处置程序

包括火警、火灾确认处置程序，消防控制中心操作程序，火灾扑救操作程序，应急疏散组织程序，通信联络及安全防护救护程序等。

（三）预案计划图

预案计划图有助于指挥部在火灾救援过程中对各小组的指挥和对事故的控制，应当力求详细准确、直观明了。主要包括以下三个方面。

总平面图：标明建筑总平面布局、防火间距、消防车道、消防水源以及与邻近单位的关系等。

各层平面图：标明消防安全重点部位、疏散通道、安全出口及灭火器材配置。

疏散路线图：以防火分区为基本单位，标明疏散引导组人员（现场工作人员）部署情况、搜索区域分片情况和各部位人员疏散路线。

四、火灾应急预案的实施程序

（1）向消防救援机构报火警。

（2）当班人员执行预案中的相应职责。

（3）组织和引导人员疏散，营救被困人员。

（4）使用消火栓等消防器材、设施扑救初期火灾。

（5）派专人接应消防车辆到达火灾现场。

（6）保护火灾现场，维护现场秩序。

五、火灾应急预案的宣传和完善

火灾应急预案制定完毕后，应定期组织员工进行学习，熟悉火灾应急疏散预案的具体内容，并通过预案演练，逐步修改完善。对于地铁、高度超过 100m 的多功能建筑等，应根据需要邀请有关专家对火灾应急疏散预案的科学性、实用性和可操作性等方面进行评估、论证，使其进一步完善和提高。

六、火灾应急预案的演练

（一）演练的目的

火灾应急预案演练的目的是检验各级消防安全责任人、各职能组和有关人员对灭火和应急疏散预案内容、职责的熟悉程度；检验人员安全疏散、初期火灾扑救、消防设施使用等情况；检验本单位在紧急情况下的组织、指挥、通信、救护等方面的能力；检验灭火应急疏散预案的实用性和可操作性。

（二）演练的组织要求

1. 火灾应急预案演练应定期组织

旅馆、商店、公共娱乐等人员密集场所应至少每半年组织一次消防演练，其他场所应至少每年组织一次。宜选择人员集中、火灾危险性较大的重点部位作为消防演练的目标，根据实际情况，确定火灾模拟形式。消防演练方案可以报告当地消防救援机构，争取其业务指导。

2. 告知场所内相关人员

火灾应急预案演练应让场所内的从业人员都知道，火灾应急预案演练前，应通知场所内的从业人员和顾客积极参与；消防演练时，应在建筑入口等显著位置设置“正在消防演练”的标志牌，进行公告。

3. 做好必要的安全防范措施

应按照应急疏散预案实施模拟火灾演练，落实火源及烟气的控制措施，防止造成人员伤害。地铁、高度超过 100m 的多功能建筑等，应适时与消防救援队组织联合消防演练。演练结束后，应将消防设施恢复到正常运行状态，做好记录，并及时进行总结。

第六节 火灾事故原因调查

一、火灾事故原因调查的原则和基本任务

（一）火灾事故原因调查的原则

消防救援机构负责调查火灾原因，统计火灾损失，并根据火灾现场勘验、调查情况和有关的检验、鉴定意见，依法对火灾事故做出火灾责任认定，作为处理火灾事故的证据。消防救援机构在进行火灾事故调查时，应当坚持及时、客观、公正、合法的原则，任何单位和个人不得妨碍和非法干预火灾事故调查。

（二）火灾事故调查的基本任务

1. 调查火灾原因

火灾原因包括起火原因和致灾原因两个方面。起火原因是指直接导致起火燃烧的原因；致灾原因是指直接导致火灾危害后果的原因。火灾原因调查就是要查清起火原因和致灾原因，确定火灾事故的性质，总结火灾教训，发现单位消防安全工作中存在的问题，根据问题的症结所在，采取针对性的改进措施和对策，防止类似事故的再次发生，并为改进火灾扑救工作，调整灭火作战计划，增加新的灭火设备或器材，研究新的灭火战术、技术对策提

供经验和素材。

2. 做出技术鉴定

在火灾事故调查过程中，进行火灾现场勘验，对发现的现场物证做出技术鉴定，为依法追究火灾事故责任提供事实根据，使火灾肇事者及责任者受到应有的惩罚，使职工群众从中受到启发教育，从而提高人们防火警惕性。

3. 制作火灾事故认定书

根据火灾现场勘验、调查情况和有关的检验、鉴定意见，依法对火灾事故做出火灾责任认定，制作火灾事故认定书，作为处理火灾事故的证据。根据火灾事故的性质、情节和后果，对有关责任者提出处理意见，分别由有关部门进行处理，及时有力地打击放火犯罪，维护社会治安，保护人民群众的利益和国家的利益。

4. 火灾损失统计

消防救援机构应当根据受损单位和个人的申报、依法设立的价格鉴证机构出具的火灾直接经济损失鉴定报告以及调查核实情况，按照有关火灾损失统计规定，对火灾直接经济损失和人员伤亡如实进行统计，填写火灾损失统计表。为国家提供准确的时效性强的火灾情报和统计资料，为制定消防工作对策提供决策依据。

5. 发现消防安全工作中的难题

在火灾事故原因调查的过程中，通过火灾原因分析，可以发现单位消防安全工作中存在的问题，为单位的消防安全解决实际问题，可以发现消防安全工作中的难题，为消防科研部门提供研究课题，使消防科学研究更好地为经济发展服务。

二、火灾事故原因调查的主体及分工

（一）火灾事故原因调查的主体

火灾事故调查由县级以上应急管理机关主管，由本级消防救援机构实施；尚未设立县级消防救援机构的，由县级应急管理机关实施。消防救援机构接到火灾报警，应当及时派员赶赴现场，开展火灾事故调查工作。

（二）火灾事故原因调查的分工

1. 一次火灾死亡十人以上的，重伤二十人以上或者死亡、重伤二十人以上的，受灾五十户（“户”是指由公安机关登记的家庭户）以上的，由省、自治区、直辖市人民政府消防救援机构负责调查（“以上”含本数、本级，“以下”不含本数）。

2. 一次火灾死亡一人以上的，重伤十人以下或者死亡、重伤十人以上的，受灾三十户以上的，由该区的市或者相当于同级的人民政府消防救援机构负责调查。

3. 一次火灾重伤十人以下或者受灾三十户以下的，由县级人民政府消防救援机构负责调查。

4. 其他仅有财产损失的火灾事故调查，由省、自治区、直辖市应急管理机关结合本地实际做出具体分级管辖规定，报应急管理部备案。

5. 跨行政区域的火灾事故，由最先起火地的消防救援机构负责调查，相关行政区域的消防救援机构予以协助。管辖权发生争议的，报请共同的上一级消防救援机构指定管辖。

6. 军事设施发生火灾需要消防救援机构协助调查的，由省、自治区、直辖市消防救援机构或者应急管理部消防局调派火灾事故调查专家协助。

7. 铁路、交通、民航、林业消防救援机构负责调查其消防监督范围内发生的火灾事故。

（三）需公安机关刑侦机构立案侦查的火灾

1. 有人员死亡的火灾。

2. 国家机关、广播电台、电视台、学校、医院、养老院、托儿所、文物保护单位、邮政和通信、交通枢纽等部门和单位发生的社会影响大的火灾。

3. 具有放火嫌疑线索的火灾。

公安机关刑侦部门接到通知后应当立即派员赶赴现场参加调查。构成放火嫌疑案件的，公安机关刑侦部门应当立案侦查，消防救援机构予以协助。

三、火灾事故原因调查的程序

（一）简易程序

1. 适用于简易程序的条件

同时具有下列情形的火灾事故，可以适用简易程序调查。

（1）没有人员伤亡的。

（2）根据省、自治区、直辖市应急管理机关确定的标准，火灾直接财产损失轻微的。

（3）当事人（指与火灾发生、蔓延和损失有直接利害关系的单位和个人）对火灾事故事实没有异议的。

（4）没有放火嫌疑的。

2. 简易程序的实施

（1）表明执法身份，说明调查依据。

（2）调查走访当事人、证人，了解火灾发生过程、火灾烧损的主要物品及建筑物受损等与火灾有关的情况。

（3）查看火灾现场并进行照相或者录像。

（4）告知当事人调查的火灾事实，听取当事人的意见；采纳当事人提出的成立的事实、理由或者证据。

（5）当场填写《火灾事故简易调查认定书》，由火灾事故调查人员、当事人签字后交付当事人。

（二）一般程序

1. 人员要求

（1）消防救援机构对火灾事故进行调查时，调查人员不得少于两人；必要时，可以聘请有关方面的专家或者专业人员协助调查。

（2）火灾事故原因调查实行主责火灾事故调查员负责制，主责火灾事故调查员应当具备相应资格，由消防救援机构的行政负责人指定，负责组织实施火灾现场勘验等火灾事故调查工作，提出火灾事故认定意见。

（3）对复杂、疑难的火灾事故，应急管理部和省、自治区、直辖市应急管理机关应当成立火灾事故调查专家组协助调查，专家组协助调查火灾事故的，应当出具专家意见。

2. 火灾现场保护

最早到达火灾发生地的消防救援机构，应当根据火灾现场情况，排除现场险情，初步划定现场封闭范围，禁止无关人员进入现场，控制火灾肇事嫌疑人。消防救援机构应当根据火灾事故调查需要，及时调整现场封闭范围。并将现场封闭的范围、时间和要求等，在火灾现场予以公告，同时对封闭范围设置警戒标志。现场勘验结束后及时解除现场封闭。

3. 限定调查期限

消防救援机构应当自接到火灾报警之日起六十日（指工作日，不包括节假日，下同）内做出火灾事故认定；情况复杂、疑难的，经上一级消防救援机构批准，可以延长三十日。火灾事故调查中需要进行检验、鉴定的，检验、鉴定时间不计入调查期限。

4. 其他要求

火灾事故调查中有关回避、证据、调查取证等要求，应当符合应急管理机关办理行政案件的有关规定。

四、火灾事故原因调查的实施

（一）调查询问

火灾事故调查人员应当根据调查需要，对发现、扑救火灾人员，熟悉起火场所、部位和生产工艺人员，火灾肇事嫌疑人和受害人等知情人员进行询问。对火灾肇事嫌疑人可以依法传唤。必要时，可以要求被询问人到火灾现场进行指认。询问应当制作笔录，由火灾事故调查人员和被询问人签名或者捺指印。被询问人拒绝签名和捺指印的，应当在笔录中注明。

调查询问要紧紧围绕起火时间、起火部位、起火源、起火物进行，做到依法调查、目的明确，根据不同对象，采用不同方法，侧重了解不同内容，并及时做好笔录。同时在询问调查的过程中，对所收集的各种材料，要认真进行审查和验证。

（二）火灾现场勘验

1. 勘验火灾现场应当遵循火灾现场勘验规则，采取现场照相或者录像、录音，制作现场勘验笔录和绘制现场图等方法记录勘验情况。

2. 勘验有人员死亡的火灾现场，火灾事故调查人员应当对尸体表面进行观察并记录，对尸体在火灾现场的位置进行调查。

3. 现场勘验笔录、现场图应当由火灾事故调查人员、当事人或者证人签名。当事人、证人拒绝签名或者无法签名的，应当在现场勘验笔录、现场图上注明。

（三）物证提取

1. 量取痕迹、物品的位置、尺寸，并进行照相或者录像。

2. 填写火灾痕迹、物品提取清单，由提取人、当事人或者证人签名；当事人、证人拒绝签名或者无法签名的，应当在清单上注明。

3. 封装痕迹、物品，粘贴标签，标明火灾名称、提取时间、痕迹、物品名称、序号等，由封装人、当事人或者证人签名；当事人、证人拒绝签名或者无法签名的，应当在标签上注明。

4. 提取的痕迹、物品应当妥善保管。

5. 痕迹、物品或者证据可能因时间、地点、气象等原因灭失的，可以先行登记保存。

（四）现场实验

火灾事故原因调查过程中，需要进行现场试验的，消防救援机构可以进行现场实验。现场实验应当照相或者录像，制作现场实验报告，现场实验报告的内容包括实验的目的、时间、环境、地点、使用仪器或者物品、过程以及实验结果等，并由实验人员和见证人员签字。

（五）鉴定与检验

火灾现场提取的痕迹、物品需要进行技术鉴定的，消防救援机构应当委托依法设立的鉴定机构进行鉴定，并与鉴定机构约定鉴定期限和鉴定材料的保管期限。

有人员死亡的火灾事故，消防救援机构应当立即通知同级公安机关刑事科学技术部门进行尸体检验。公安机关刑事科学技术部门应当按规定进行尸体检验，确定死亡原因，出具尸体检验鉴定报告，送交消防救援机构。

（六）火灾损失统计

1. 火灾经济损失的统计范围

（1）火灾直接经济损失

指被烧毁、烧损、烟熏和灭火中破拆、水渍以及因火灾引起的污染所造成的损失。如房屋、机器设备、运输工具等固定资产，古建筑、文物、商品等流动资产，生活用品、工艺品和农副产品等因火灾烧毁、烧损、烟熏和灭火中破拆、水渍等所造成的损失等。

（2）火灾间接损失

指因火灾而停工、停产、停业所造成的损失，以及现场施救、善后处理的费用。

①因火灾造成的“三停”损失

主要包括：火灾发生单位的三停损失；由于使用火灾发生单位所供的能源、原材料、中间产品等所造成的相关单位的三停损失；为扑救火灾所采取的停水、停电、停汽（气）及其他所必要的紧急措施而直接造成的有关单位的三停损失；其他相关原因所造成的三停损失。

②因火灾致人伤亡造成的经济损失

主要包括：因人员伤亡所支付的医疗费，死者生前的住院费、抢救费，死亡者直系亲属的抚恤金，死者家属的奔丧费、丧葬费及其他相关费用等；养伤期间的歇工工资（含护理人员），伤亡者伤亡前从事的创造性劳动的间断或终止工作所造成的经济损失（含护理人员），接替死亡者生前工作岗位的职工的培训费用等工作损失费。

③火灾现场施救及清理现场的费用

主要包括：各种消防车、船、泵等消防器材及装备的损耗费用以及燃料费用（含非消防部门）；各种类型的灭火剂和物资的损耗费用；清理火灾现场所需的全部人力、物力、财力的损耗费用，以及施救和清理费用。

2. 人员伤亡的统计范围

对在火灾发生后和扑救过程中因烧、摔、砸、炸、窒息、中毒、触电、高温辐射等原因所致的人员伤亡，都应列为火灾伤亡的统计范围。

以上所列的各项经济损失和人员伤亡的统计，不论是直接的还是间接的，失火单位都应当按照要求认真清理，如实上报，绝不能因怕追究责任而少报，也不能为求保险公司的赔偿而多报。

3. 火灾损失统计的要求

（1）火灾后，受损单位和个人应当如实填写火灾直接财产损失申报表，并附有效证明材料，于火灾扑灭后七日内向消防救援机构申报。

（2）消防救援机构、受损单位和个人，可以根据需要委托依法设立的价格鉴证机构对火灾直接经济损失进行鉴定。消防救援机构应当对鉴定结果进行审查，对符合规定的可以作为证据使用；对不符合规定的，应当要求价格鉴证机构重新出具鉴定报告，或者不予采信。

（3）消防救援机构办理刑事案件，应当委托价格主管部门设立的价格鉴证机构对火灾直接经济损失进行鉴定。

（4）消防救援机构应当根据受损单位和个人的申报、依法设立的价格鉴证机构出具的火灾直接经济损失鉴定报告以及调查核实情况，按照有关火灾损失统计规定，对火灾直接经济损失和人员伤亡如实进行统计，填写火灾损失统计表。

五、火灾事故原因的认定与复核

（一）火灾事故原因的认定

1. 火灾事故原因的认定内容

消防救援机构应当根据现场勘验、调查询问和有关检验、鉴定意见等调查情况，进行综合分析，做出火灾事故认定。火灾事故认定应当包括火灾事故基本情况、起火原因和灾害成因等内容。

（1）起火原因的认定内容

对已经查清起火原因的，应当认定起火时间、起火部位、起火点和起火原因；对无法查清起火原因的，应当认定起火时间、起火部位、起火点以及有证据能够排除的起火原因。

（2）灾害成因的认定内容

灾害成因认定主要包括以下两项内容：①火灾报警、初期火灾扑救和人员疏散情况，以及火灾蔓延、损失情况；②与火灾蔓延、损失扩大存在直接因果关系的违反消防法律法规、消防技术标准的事实。

消防救援机构在做出火灾事故认定前，应当召集当事人到场，说明拟做出的起火原因认定情况，听取当事人意见；当事人不到场，应当记录在案。

2. 制作火灾事故认定书

消防救援机构认定火灾事故，应当制作《火灾事故认定书》，自做出之日起七日内送达当事人。当事人数量在十人以上的，消防救援机构可以在做出火灾事故认定之日起七日内向社会公告，公告期为二十日。

3. 当事人查阅证据

消防救援机构做出火灾事故认定后，除涉及国家秘密、商业秘密、个人隐私或者移交公安机关其他部门处理的外，当事人可以申请查阅、复制、摘录认定书、现场勘验笔录和检验、鉴定意见，消防救援机构应当自接到申请之日起七日内提供。

（二）火灾原因复核

1. 复核的申请

当事人对火灾事故认定有异议的，可以自火灾事故认定书送达之日起十五日内，向上一级消防救援机构提出书面复核申请，复核申请应当载明复核请求、理由和主要证据。复核申请以一次为限。

2. 复核的受理

复核机构应当自收到复核申请之日起七日内做出是否受理的决定并书面通知申请人；决定受理的，应当书面通知其他相关当事人和原认定机构。但有下列情形之一的，不予受理。

（1）申请人非火灾事故当事人的（不包括委托代理的）；

（2）超过复核申请期限的（但应当告知其通过信访处理）；

（3）已经复核并做出复核结论的（但又有新理由的除外）；

（4）当事人向人民法院提起行政诉讼，人民法院已经受理的；

（5）符合适用简易程序规定做出的火灾事故认定的。

3. 复核案卷的提交与审查

原认定机构应当自接到通知之日起十日内，向复核机构做出书面说明，提交火灾事故调查案卷。

复核原则上采取书面审查方式。必要时，可以向有关人员进行调查；火灾现场尚存的，可以进行复核勘验。

4. 做出复核结论

复核机构应当自受理之日起三十日内，对原火灾事故认定进行审查，并按照下列要求做出复核结论。

（1）原火灾事故认定主要事实不清，或者证据不确实充分，或者程序违法影响结果公正，或者起火原因、灾害成因认定错误的，责令原认定机构重新调查、认定。

（2）原火灾事故认定主要事实清楚、证据确实充分、程序合法，起火原因和灾害成因认定正确的，维持原认定。复核结论自做出之日起七日内送达申请人和原认定机构。

5. 重新认定

原认定机构接到重新调查认定的复核结论后，应当撤销原认定，在十五日内重新做出火灾事故认定。重新调查需要检验、鉴定的，原认定机构应当在检验、鉴定结论确定之日起五日内，重新做出火灾事故认定。原认定机构在重新做出火灾事故认定前，应当向有关当事人说明重新认定情况；重新做出火灾事故认定后，应当将火灾事故认定书送达当事人，并报复核机构备案。

第五章 建筑消防安全管理

第一节 消防安全重点单位管理

一、消防安全重点单位的范围及界定标准

（一）消防安全重点单位的范围

1. 商场（市场）、宾馆（饭店）、体育场（馆）、会堂、公共娱乐场所等公众聚集场所；

2. 医院、养老院和寄宿制的学校、托儿所、幼儿园；

3. 国家机关；

4. 广播电台、电视台和邮政、通信枢纽；

5. 客运车站、码头、民用机场；

6. 公共图书馆、展览馆、博物馆、档案馆，以及具有火灾危险性的文物保护单位；

7. 发电厂（站）和电网经营企业；

8. 易燃易爆化学物品的生产、充装、储存、供应、销售单位；

9. 服装、制鞋等劳动密集型生产、加工企业；

10. 重要的科研单位；

11. 高层公共建筑、地下铁道、地下观光隧道，粮、棉、木材、百货等物资仓库和堆场；

12. 其他发生火灾可能性较大以及一旦发生火灾可能造成重大人身伤亡或者财产损失的单位。

（二）消防安全重点单位的界定标准

1. 商场（市场）、宾馆（饭店）、体育场（馆）、会堂、公共娱乐场

所等公众聚集场所：

（1）建筑面积在 1 000m 及以上经营可燃商品的商场（商店）；

（2）客房数在 50 间以上的宾馆（旅馆、饭店）；

（3）公共的体育场（馆）、会堂；

（4）建筑面积在 200m 及以上的公共娱乐场所；

（5）应急管理部《娱乐场所消防安全管理规定》第二条所列场所。

2. 医院、养老院和寄宿制的学校、托儿所、幼儿园：

（1）住院床位在 50 张以上的医院；

（2）老人住宿床位在 50 张以上的养老院；

（3）学生住宿床位在 100 张以上的学校；

（4）幼儿住宿床位在 50 张以上的托儿所、幼儿园。

3. 国家机关：

（1）县级以上的党委、人大、政府、政协；

（2）人民检察院、人民法院；

（3）中央和国务院各部委；

（4）共青团中央、全国总工会、全国妇联的办事机关。

4. 广播、电视和邮政、通信枢纽：

（1）广播电台、电视台；

（2）城镇的邮政、通信枢纽单位。

5. 客运车站、码头、民用机场：

（1）候车厅、候船厅的建筑面积在 500 ㎡以上的客运车站和客运码头；

（2）民用机场。

6. 公共图书馆、展览馆、博物馆、档案馆以及具有火灾危险的文物保护单位：

（1）建筑面积在 2 000 ㎡以上的公共图书馆、展览馆；

（2）公共博物馆、档案馆；

（3）具有火灾危险性的县级以上文物保护单位。

7. 发电厂（站）和电网经营企业：

8. 易燃易爆化学物品的生产、充装、储存、供应、销售单位：

（1）生产易燃易爆化学物品的工厂；

（2）易燃易爆气体和液体的罐装站、调压站；

（3）储存易燃易爆化学物品的专用仓库（堆场、储罐场所）；

（4）营业性汽车加油站、加气站，液化石油气供应站（换瓶站）；

（5）经营易燃易爆化学物品的化工商店（其界定标准，以及其他需要界定的易燃易爆化学物品性质的单位及其标准，由省级消防救援机构根据实际情况确定）。

9. 劳动密集型生产、加工企业，生产车间员工在100人以上的服装、鞋帽、玩具等劳动密集的企业。

10. 重要的科研单位（界定标准由省级消防救援机构根据实际情况确定）。

11. 高层公共建筑、地下铁道、地下观光隧道，粮、棉、木材、百货等物资仓库和堆场，重点工程的施工现场：

（1）高层公共建筑的办公楼（写字楼）、公寓楼等；

（2）城市地下铁道、地下观光隧道等地下公共建筑和城市重要的交通隧道；

（3）国家储备粮库、总储量在10 000t以上的其他粮库；

（4）总储量在500t以上的棉库；

（5）总储量在10 000 ㎡以上的木材堆场；

（6）总储存价值在1 000万元以上的可燃物品仓库、堆场；

（7）国家和省级等重点工程的施工现场。

12. 其他发生火灾可能性较大以及一旦发生火灾可能造成人身重大伤亡或财产重大损失的单位。界定标准由省级消防救援机构根据实际情况确定。

二、消防安全重点单位的消防安全职责

（一）单位的消防安全职责

1. 落实消防安全责任制，制定本单位的消防安全制度、消防安全操作规程，制定灭火和应急疏散预案；

2. 按照国家标准、行业标准配置消防设施、器材，设置消防安全标志，并定期组织检验、维修，确保完好有效；

3. 对建筑消防设施每年至少进行一次全面检测，确保完好有效，检测记录应当完整准确，存档备查；

4. 保障疏散通道、安全出口、消防车通道畅通，保证防火防烟分区、防火间距符合消防技术标准；

5. 组织防火检查，及时消除火灾隐患；

6. 组织进行有针对性的消防演练；

7. 法律、法规规定的其他消防安全职责。

（二）消防安全重点单位的消防安全职责

1. 确定消防安全管理人，组织实施本单位的消防安全管理工作；

2. 建立消防档案，确定消防安全重点部位，设置防火标志，实行严格管理；

3. 实行每日防火巡查，并建立巡查记录；

4. 对职工进行岗前消防安全培训，定期组织消防安全培训和消防演练。

三、消防安全重点单位管理的基本措施

（一）落实消防安全责任制度

任何一项工作目标的实现，都不能缺少具体负责人和负责部门，否则，该项工作将无从落实。消防安全重点单位的管理工作也不能例外。目前许多单位消防安全管理分工不明，职责不清，使得各项消防安全制度和措施难以真正落实。因此，消防安全重点单位应当按照应急管理部令第 61 号《机关、团体、企业、事业单位消防安全管理规定》成立消防安全组织机构，明确逐级和岗位消防安全职责，确定各级各岗位的消防安全责任人，做到分工明确，责任到人，各尽其职，各负其责，形成一种科学、合理的消防安全管理机制，确保消防安全责任、消防安全制度和措施落到实处。

为了让符合《消防安全重点单位界定标准》的单位自觉“对号入座”，保障当地消防救援机关及时掌握本辖区内消防安全重点单位的基本情况，消防安全重点单位还必须将已明确本单位的消防安全责任人、消防安全管理人报当地消防救援机构备案，以便按照消防安全重点单位要求进行严格管理。

（二）制定并落实消防安全管理制度

1. 消防安全教育培训制度

为普及消防安全知识，增强员工的法制观念，提高其消防安全意识和素质，单位应根据国家有关法律法规和省、市消防安全管理的有关规定，制定消防安全教育培训制度，对单位新职工、重点岗位职工、普通职工接受消

防安全宣传教育和培训的形式、频次、要求等进行规定，并按规定逐一落实。

2. 防火检查、巡查制度

防火检查、巡查是做好单位消防安全管理工作的重要环节，要想使防火检查和巡查成为单位消防安全管理的一种常态管理，并能够起到预防火灾、消除隐患的作用，就必须有制度的约束。制度的基本内容应当包括：单位逐级防火检查制度；规定检查的内容、依据、标准、形式、频次等；明确对检查部门和被检查部门的要求。

3. 火灾隐患整改制度

明确规定对当场整改和限期整改的火灾隐患的整改要求，对特大火灾隐患的整改程序和要求以及整改记录、存档要求等。

4. 消防设施、器材维护管理制度

重点单位应当根据国家及省市相关规定制定消防设施、器材维护管理制度并组织落实。制度应明确消防器材的配置标准、管理要求、维护维修、定期检测等方面的内容，加强对消防设施、器材的管理，确保其完好有效。

5. 用火、用电安全管理制度

确定用火管理范围；划分动火作业级别及其动火审批权限和手续；明确用火、用电的要求和禁止的行为。

6. 消防控制室值班制度

明确规定消防控制室值班人员的岗位职责及能力要求；明确规定 24 小时值班、换班要求、火警处置、值班记录及自动消防设施设备系统运行情况登记等事项。

7. 重点要害部位消防安全制度

根据单位的具体情况，明确确定本单位的重点要害部位，制定各重点部位的防火制度，应急处理措施及要求。

8. 易燃易爆危险品管理制度

制度的基本内容包括：易燃易爆危险品的范围；物品储存的具体防火要求；领取物品的手续；使用物品单位和岗位，定人、定点、定容器、定量的要求和防火措施；使用地点明显醒目的防火标志；使用结束剩余物品的收回要求等。

9. 灭火和应急疏散预案演练制度

明确规定灭火和应急疏散预案演练的组织机构，演练参与的人员、演练的频次和要求，演练中出现问题的处理及预案的修正完善等事项。

10. 消防安全工作考评与奖惩制度

规定在消防工作中有突出成绩的单位和个人的表彰、奖励的条件和标准；明确实施表彰和奖励的部门，表彰、奖励的程序；规定违反消防安全管理规定应受到惩罚的各种行为及具体罚则等。奖惩要与个人发展和经济利益挂钩。

（三）建立消防安全管理档案并及时更新

1. 单位建立消防安全管理档案的作用

（1）便于单位领导、有关部门、消防救援机构及单位消防安全管理工作有关的人员熟悉单位消防安全情况，为领导决策和日常工作服务。

（2）消防档案反映单位对消防安全管理的重视程度，可以作为上级主管部门、消防救援机构考核单位开展消防安全管理工作的重要依据。发生火灾时，可以为调查火灾原因、分析事故责任、处理责任者提供佐证材料。

（3）消防档案是对单位各项消防安全工作情况的记载，可以检查单位相关岗位人员履行消防安全职责的情况，评判单位消防安全管理人员的业务水平和工作能力。有利于强化单位消防安全管理工作的责任意识，推动单位的消防安全管理工作朝着规范化方向发展。

2. 消防档案应当包括的主要内容

（1）消防安全基本情况

消防安全重点单位的消防安全基本情况包括以下几个方面：①单位基本概况。主要包括：单位名称、地址、电话号码、邮政编码、防火责任人，保卫、消防或安全技术部门的人员情况和上级主管机关、经济性质、固定资产、生产和储存物品的火灾危险性类别及数量，总平面图、消防设备和器材情况，水源情况等。②消防安全重点部位情况。主要包括：火灾危险性类别、占地和建筑面积、主要建筑的耐火等级及重点要害部位的平面图等。③建筑物或者场所施工、使用或者开业前的消防设计审核、消防验收以及消防安全检查的文件、资料。④消防管理组织机构和各级消防安全责任人。⑤消防安全管理制度。⑥消防设施、灭火器材情况。⑦专职消防队、志愿消防队人员及其消防装备配备情况。⑧与消防安全有关的重点工种人员情况。⑨新增消防产品、防火材料的合格证明材料。⑩灭火和应急疏散预案等。

（2）消防安全管理情况

消防安全重点单位的消防安全管理情况主要包括以下几个方面：①消防救援机关填发的各种法律文书。②消防设施定期检查记录、自动消防设施全面检查测试的报告以及维修保养记录。③历次防火检查、巡查记录。主要包括：检查的人员、时间、部位、内容，发现的火灾隐患（特别是重大火灾隐患情况）以及处理措施等。④有关燃气、电气设备检测情况。主要包括：防雷、防静电等记录资料。⑤消防安全培训记录。应当记明培训的时间、参加人员、内容等。⑥灭火和应急疏散预案的演练记录。应当记明演练的时间、地点、内容、参加部门以及人员等。⑦火灾情况记录。包括历次发生火灾的损失、原因及处理情况等。⑧消防工作奖惩情况记录。

3. 建立消防档案的要求

（1）凡是消防安全重点单位都应当建立健全消防档案。

（2）消防档案的内容应当全面、翔实，全面而真实地反映单位消防工作的基本情况，并附有必要的图表。

（3）单位应根据发展变化的实际情况经常充实、变更档案内容，使防火档案及时、正确地反映单位的客观情况。

（4）单位应当对消防档案统一保管、备查。

（5）消防安全管理人员应当熟悉掌握本单位防火档案情况。

（6）非消防安全重点单位亦应当将本单位的基本概况、消防救援机构填发的各种法律文书、与消防工作有关的材料和记录等统一保管备查。

（四）实行每日防火巡查

1. 防火巡查的主要内容

（1）用火、用电有无违章情况；

（2）安全出口、疏散通道是否畅通，安全疏散指示标志、应急照明是否完好；

（3）消防设施、器材和消防安全标志是否在位、完整；

（4）常闭式防火门是否处于关闭状态，防火卷帘下是否堆放物品影响使用；

（5）消防安全重点部位的人员在岗情况；

（6）其他消防安全情况。

2. 防火巡查的要求

（1）公众聚集场所在营业期间的防火巡查应当至少每 2h 一次。营业结束时应当对营业现场进行检查，消除遗留火种。

（2）医院、养老院、寄宿制学校、托儿所、幼儿园应当加强夜间防火巡查（其他消防安全重点单位可以结合实际组织夜间防火巡查）。

（3）防火巡查人员应当及时纠正违章行为，妥善处置火灾危险，无法当场处置的，应当立即报告。发现初起火灾应当立即报警并及时扑救。

（4）防火巡查应当填写巡查记录，巡查人员及其主管人员应当在巡查记录上签名。

（五）定期开展消防安全检查，消除火灾隐患

消防安全重点单位，除了接受消防救援机构及上级主管部门的消防安全检查外，还要根据单位消防安全检查制度的规定，进行消防安全自查，以日常检查、防火巡查、定期检查和专项检查等多种形式对单位消防安全进行检查，及时发现并整改火灾隐患，做到防患于未然。

（六）定期对员工进行消防安全培训

消防安全重点单位应当定期对全体员工进行消防安全培训。其中公众聚集场所对员工的消防安全培训应当至少每年进行一次。新上岗和进入新岗位的员工应进行三级培训，重点岗位的职工上岗前还应再进行消防安全培训。消防安全责任人或管理人应当到由消防救援机构指定的培训机构进行培训，并取得培训证书，单位重点工种人员要经过专门的消防安全培训并获得相应岗位的资格证书。

通过教育和训练，使每个职工达到“四懂”“四会”要求，即懂得本岗位生产过程中的火灾危险性，懂得预防火灾的措施，懂得扑救火灾的方法，懂得逃生的方法；会报警，会使用消防器材，会扑救初期火灾，会自救。

（七）制定灭火和应急疏散预案并定期演练

为切实保证消防安全重点单位的安全，在抓好防火工作的同时，还应做好灭火准备，制定周密的灭火和应急疏散预案。

成立火灾应急预案组织机构，明确各级各岗位的职责分工，明确报警和接警处置程序、应急疏散的组织程序、人员疏散引导路线、通信联络和安

全防护救护的程序以及其他特定的防火灭火措施和应急措施等。应当按照灭火和应急疏散预案定期进行实际的操作演练，消防安全重点单位通常至少每半年进行一次演练，并结合实际，不断完善预案。其他单位应当结合本单位实际，参照制订相应的应急方案，至少每年组织一次演练。

四、消防安全重点单位消防工作的十项标准

（1）有领导负责的逐级防火责任制，做到层层有人抓。

（2）有生产岗位防火责任制，做到处处有人管。

（3）有专职或兼职防火安全干部，做好经常性的消防安全工作。

（4）有与生产班组相结合的义务消防队，有夜间住厂值勤备防的义务消防队，配置必要的消防器材和设施，做到既能防火又能有效地扑灭初起火灾。规模大、火灾危险性大、离消防救援队较远的企业，有专职消防队，做到自防自救。

（5）有健全的各项消防安全管理制度，包括门卫、巡逻，逐级防火检查，用火用电、易燃易爆品安全管理，消防器材维护保养，以及火警、火灾事故报告、调查、处理等制度。

（6）对火险隐患，做到及时发现、登记立案，抓紧整改；一时整改不了的，采取应急措施，确保安全。

（7）明确消防安全重点部位，做到定点、定人、定措施，并根据需要采用自动报警、灭火等技术。

（8）对新工人和广大职工群众普及消防知识，对重点工种进行专门的消防训练和考核，做到经常化、制度化。

（9）有防火档案和灭火作战计划，做到切合实际，能够收到预期效果。

（10）对消防工作定期总结评比，奖惩严明。

第二节 消防安全重点部位管理

一、消防安全重点部位的确定

（一）容易发生火灾的部位

单位容易发生火灾的部位主要是指：生产企业的油罐区；易燃易爆物品的生产、使用、储存部位；生产工艺流程中火灾危险性较大的部位。如生产易燃易爆危险品的车间，储存易燃易爆危险品的仓库，化工生产设备间，化验室、油库、化学危险品库，可燃液体、气体和氧化性气体的钢瓶、储罐库，液化石油气储配站、供应站，氧气站、乙炔站、煤气站，油漆、喷漆、烘烤、电气焊操作间、木工间、汽车库等。

（二）一旦发生火灾，局部受损会影响全局的部位

单位内部与火灾扑救密切相关的部位。如变配电所（室）、生产总控制室、消防控制室、信息数据中心、燃气（油）器设备间等。

（三）物资集中场所

物资集中场所是指储存各种物资的场所。如各种库房、露天堆场，使用或存放先进技术设备的实验室、精密仪器室、贵重物品室、生产车间、储藏室等。

（四）人员密集场所

人员聚集的厅、室，弱势群体聚集的区域，一旦发生火灾，人疏散不利的场所。如礼堂（俱乐部、文化宫、歌舞厅）、托儿所、幼儿园、养老院、医院病房等。

二、消防安全重点部位的管理措施

（一）建立消防安全重点部位档案

单位领导要组织安全保卫部门及有关技术人员，共同研究和确定单位的消防安全重点部位，填写重点部位情况登记表，存入消防档案，并报上级主管部门备案。

（二）落实重点部位防火责任制

重点部位应有防火责任人，并有明确的职责。建立必要的消防安全规章制度，任用责任心强、业务技术熟练、懂得消防安全知识的人员负责消防安全工作。

（三）设置“消防安全重点部位”的标志

消防安全重点部位应当设置“消防安全重点部位”的标志，根据需要设置“禁烟”、“禁火”的标志，在醒目位置设置消防安全管理责任标牌，明确消防安全管理的责任部门和责任人。

（四）加强对重点部位工作人员的培训

定期对重点部位的工作人员进行消防安全知识的“应知应会”教育和

防火安全技术培训。对重点部位的重点工种人员，应加强岗位操作技能及火灾事故应急处理的培训。

（五）设置必要的消防设施并定期维护

对消防安全重点部位的管理，要做到定点、定人、定措施，根据场所的危险程度，采用自动报警、自动灭火、自动监控等消防技术设施，并确定专人进行维护和管理。

（六）加强对重点部位的防火巡查

单位消防安全管理部门在工作期间应加强对重点部位的防火巡查，做好巡查记录，并及时归档。

第三节 消防安全重点工种管理

一、消防安全重点工种的分类和火灾危险性特点

（一）消防安全重点工种的分类

1.A 级工种

A 级工种是指引起火灾的危险性极大，在操作中稍有不慎或违反操作规程极易引起火灾事故的岗位。如可燃气体、液体设备的焊接、切割，超过液体自燃点的熬炼，使用易燃溶剂的机件清洗、油漆喷涂，液化石油气、乙炔气的灌藏，高温、高压、真空等易燃易爆设备的操作人员等。

2.B 级工种

B 级工种是指引起火灾的危险性较大，在操作过程中不慎或违反操作规程容易引起火灾事故的岗位。如从事烘烤、熬炼、热处理和氧气、压缩空气等乙类危险品仓库保管等岗位的操作人员等。

3.C 级工种

C 级工种是指在操作过程中不慎或违反操作规程有可能造成火灾事故的岗位操作人员。如：电工、木工、丙类仓库保管等岗位的操作人员。

（二）消防安全重点工种的火灾危险性特点

消防安全重点工种的火灾危险性主要有以下特点。

1. 所使用的原料或产品具有较大的火灾危险性

消防安全中重点工种在生产中所使用的原料或产品具有较大的火灾危

险性，安全技术复杂，操作规程要求严格，一旦出现事故，将会造成不堪设想的后果。如乙炔、氢气生产，盐酸的合成，硝酸的氧化制取，乙烯、氯乙烯、丙烯的聚合等。

2. 工作岗位分散，流动性大，时间不规律，不便管理

一些工种，如电工、焊工、切割工、木工等都属于操作时间、地点不定，灵活性较大的工种。他们的工作时间和地点都是根据需要而定的，这种灵活性给管理工作带来了难度。

3. 生产、工作的环境和条件较差，技术比较复杂，安全工作难度大

对 A 级和 B 级工种来说，这种特点尤其明显。如在沥青的熬炼和稀释过程中，温度超过允许的温度、沥青中含水过多或加料过多过快以及稀释过程违反操作规程，都有发生火灾的危险。

4. 操作实践岗位人员少，发生火灾时不利于迅速扑救

有些岗位分散、流动性大的工种，如电工、电焊工、气焊工，在操作过程中一般人员都很少，有时甚至只有一个人进行操作，一旦发生火灾，可能会因扑救缓慢而贻误扑救时机。

二、消防安全重点工种的管理

（一）制定和落实岗位消防安全责任制度

建立重点工种岗位责任制是企业消防安全管理的一项重要内容，也是企业责任制度的重要组成部分。建立岗位责任制的目的是使每个重点工种岗位的人员都有明确的职责，做到各司其事，各负其责。建立合理、有效、文明、安全的生产和工作秩序，消除无人负责的现象。重点工种岗位责任制要同经济责任制相结合，并与奖惩制度挂钩，有奖有惩、赏罚分明，以使重点工种人员更加自觉地担负起岗位消防安全的责任。

（二）严格持证上岗制度，无证人员严禁上岗

严格持证上岗制度，是做好重点工种管理的重要措施，重点工种人员上岗前，要对其进行专业培训，使其全面地熟悉岗位操作规程，系统地掌握消防安全知识，通晓岗位消防安全的“应知应会”内容。对操作复杂、技术要求高、火灾危险性大的岗位作业人员，企业生产和技术部门应组织他们实习和进行技术培训，经考试合格后方能上岗。电气焊工、炉工、热处理等工种，要经考试合格取得操作合格证后才能上岗。平时对重点工种人员要进行定期

考核、抽查或复试，对持证上岗的人员可建立发证与吊销证件相结合的制度。

（三）建立重点工种人员工作档案

为加强重点工种队伍的建设，提高重点工种人员的安全作业水平，应建立重点工种人员的工作档案，对重点工种人员的人事概况、培训经历以及工作情况进行记载，工作情况主要对重点工种人员的作业时间、作业地点、工作完成情况、作业过程是否安全、有无违章现象等情况进行详细的记录。这种档案有助于对重点工种的评价、选用和有针对性地再培训，有利于不断提高他们的业务素质。所以，要充分发挥档案的作用，将档案作为考察、评价、选用、撤换重点工种人员的基本依据；档案记载的内容必须有严格手续。安全管理人员可通过档案分析和研究重点工种人员的状况，为改进管理工作提供依据。

（四）抓好重点工种人员的日常管理

要制订切实可行的学习、训练和考核计划，定期组织重点工种人员进行技术培训和消防知识学习；研究和掌握重点工种人员的心理状态和不良行为，帮助他们克服吸烟、酗酒、上班串岗、闲聊等不良习惯，养成良好的工作习惯；不断改善重点工种人员的工作环境和条件，做好重点工种人员的劳动保护工作；合理安排其工作时间和劳动强度。

三、常见重点工种岗位防火要求

（一）电焊工

1. 电焊工须经专业知识和技能培训，考核合格，持证上岗，无操作证，不能进行焊接和焊割作业。

2. 电焊工在禁火区进行电、气焊操作，必须按动火审批制度的规定办理动火许可证。

3. 各种焊机应在规定的电压下使用，电焊前应检查焊机的电源线的绝缘是否良好，焊机应放置在干燥处，避开雨雪和潮湿的环境。

4. 焊机、导线、焊钳等接点应采用螺栓或螺母拧接牢固；焊机二次线路及外壳须接地良好，接地电阻不小于 1Ω。

5. 开启电开关时要一次推到位，然后开启电焊机；停机时先关焊机再关电源；移动焊机时应先停机断电。焊接中突然停电，应立即关好电焊机；焊条头不得乱扔，应放在指定的安全地点。

6. 电弧切割或焊接有色金属及表面涂有油品等物件时，作业区环境应良好，人要在上风处。

7. 作业中注意检查电焊机及调节器，温度超过60℃时应冷却。发现故障，如电线破损、熔丝烧断等现象应停机维修，电焊时的二次电压不得偏离60～80V。

8. 盛装过易燃液体或气体的设备，未经彻底清洗和分析，不得动焊；有压的管道、气瓶（罐、槽）不得带压进行焊接作业；焊接管道和设备时，必须采取防火安全措施。

9. 对靠近大棚、木板墙、木地板，以及通过板条抹灰墙时的管道等金属构件，不得在没有采取防火安全措施的情况下进行焊割和焊接作业。

10. 电气焊作业现场周围的可燃物以及高空作业时地面上的可燃物必须清理干净；或者施行防火保护；在有火灾危险的场所进行焊接作业时，现场应有专人监护，并配备一定数量的应急灭火器材。

11. 需要焊接输送汽油、原油等易燃液体的管道时，通常必须拆卸下来，经过清洗处理后才可进行作业；没有绝对安全措施，不得带液焊接。

12. 焊接作业完毕，应检查现场，确认没有遗留火种后，方可离开。

（二）电工

1. 定期和不定期地对电源部分、线路部分、用电部分及防雷和防静电情况等进行检查，发现问题及时处理，防止各种电气火源的形成。

2. 增设电气设备、架设临时线路时，必须经有关部门批准；各种电气设备和线路不许超过安全负荷，发现异常应及时处理。

3. 敷设线路时，不准用钉子代替绝缘子，通过木质房梁、木柱或铁架子时要用磁套管，通过地下或砖墙时要用铁管保护，改装或移装工程时要彻底拆除线路。

4. 电开关箱要用铁皮包镶，其周围及箱内要保持清洁，附近和下面不准堆放可燃物品。

5. 保险装置要根据电气设备容量大小选用，不得使用不合格的保险装置或保险丝（片）。

6. 要经常检查变配电所（室）和电源线路，做好设备运行记录，变电室内不得堆放可燃杂物。

7. 电气线路和设备着火时，应先切断电源，然后用干粉或二氧化碳等不导电的灭火器扑救。

8. 工作时间不准脱离岗位，不准从事与本岗位无关的工作，并严格交接班手续。

（三）气焊工

1. 气焊作业前，应将施焊场地周围的可燃物清理干净，或进行覆盖隔离；气焊工人应穿戴好防护用品，检查乙炔、氧气瓶、橡胶软管接头、阀门等可能泄漏的部位是否良好，焊炬上有无油垢，焊（割）炬的射吸能力如何。

2. 乙炔发生器不得放置在电线的正下方，与氧气瓶不得同放一处，距易燃易爆物品和明火的距离不得少于 10m，氧气瓶、乙炔气瓶应分开放置，间距不得少于 5m。作业点宜备清水，以备及时冷却焊嘴。

3. 使用的胶管应为经耐压实验合格的产品，不得使用代用品、变质、老化、脆裂、漏气和沾有油污的胶管，发生回火倒燃应更换胶管，可燃气体和氧气胶管不得混用。

4. 焊（割）炬点火前，应用氧气吹风，检查有无风压及堵塞、漏气现象，检验是否漏气要用肥皂水，严禁用明火。

5. 作业中当乙炔管发生脱落、破裂、着火时，应先将焊机或割炬的火焰熄灭，然后停止供气。

6. 当气焊（割）炬由于高温发生炸鸣时，必须立即关闭乙炔供气阀，将焊（割）炬放入水中冷却，同时也应关闭氧气阀。

7. 对于射吸式焊割炬，点火时应先微开焊炬上的氧气阀，再开启乙炔气阀，然后点燃调节火焰。

8. 使用乙炔切割机时，应先开乙炔气，再开氧气；使用氢气切割机时，应先开氢气，后开氧气，此顺序不可颠倒。

9. 当氧气管着火时，应立即关闭氧气瓶阀，停止供氧。禁止用弯折的方法断气灭火。

10. 当发生回火，胶管或回火防止器上喷火，应迅速关闭焊炬或割炬上的氧气阀和乙炔气阀，再关上一级氧气阀和乙炔气阀门，然后采取灭火措施。

11. 进入容器内焊割时，点火和熄灭均应在容器外进行。

12. 熄灭火焰、焊炬，应先关乙炔气阀，再关氧气阀；割炬应先关氧气阀、再关乙炔及氧气阀门。

13. 橡胶软管应和高热管道、高热体及电源线隔离，不得重压。气管和电焊用的电源导线不得敷设、缠绕在一起。

14. 工作完毕，应将氧气瓶气阀关好，拧上安全罩。乙炔浮桶提出时，头部应避开浮桶上升方向，拔出后要卧放，禁止扣放在地上，检查操作场地，确认无着火危险方可离开。

（四）仓库保管员

1. 仓库保管员要牢记《仓库防火安全管理规则》，坚守岗位，尽职尽责，严格遵守仓库的入库、保管、出库、交接班等各项制度，不得在库房内吸烟和使用明火。

2. 对外来人员要严格监督，防止将火种和易燃品带入库内；提醒进入储存易燃易爆危险品库房的人员不得穿带钉鞋和化纤衣服，搬动物品时要防止摩擦和碰撞，不得使用能产生火星的工具。

3. 应熟悉和掌握所存物品的性质，并根据物资的性质进行储存和操作；不准超量储存；堆垛应留有主要通道和检查堆垛的通道，垛与垛和垛与墙、柱、屋架之间的距离应符合应急管理部《仓库防火安全管理规定》中所要求的防火间距。

4. 易燃易爆危险品要按类、项标准和特性分类存放，贵重物品要与其他材料隔离存放，遇水或受潮能发生化学反应的物品，不得露天存放或存放在低洼易受潮的地方；遇热易分解自燃的物品，应储存在阴凉通风的库房内。

5. 对爆炸品、剧毒品的管理，要严格落实双人保管、双本账册、双把门锁、双人领发、双人使用的“五双”制度。

6. 经常检查物品堆垛、包装，发现洒漏、包装损坏等情况时应及时处理，并按时打开门窗或通风设备进行通风。

7. 掌握仓库内灭火器材、设施的使用方法，并注意维护保养，使其完整好用。

8. 仓库保管员在每日下班之前，应对经管的库房巡查一遍，确认无火灾隐患后，拉闸断电，关好门窗，上好门锁。

（五）消防控制室操作人员

1. 值班要求

消防控制室的日常管理应符合有关要求，确保火灾自动报警系统和灭火系统处于正常工作状态。消防控制室必须实行每日 24h 专人值班制度，每班不应少于 2 人。

2. 知识和技能要求

熟知本单位火灾自动报警和联动灭火系统的工作原理，各主要部件、设备的性能、参数及各种控制设备的组成和功能；熟知各种报警信号的作用，熟悉各主要设备的位置，能够熟练操作消防控制设备，遇有火情能正确使用火灾自动报警及灭火联动系统。

3. 认真执行交接班制度

当班人员交班时，应向接班人员讲明当班时的各种情况，对存在的问题要认真向接班人员交代并及时处置，难以处理的问题要及时报告领导解决。接班人员每次接班都要对各系统进行巡检，看有无故障或问题存在，并及时排除；值班期间必须坚守岗位，不得擅离职守，不准饮酒，不准睡觉。

4. 确保消防设施、系统完好有效

应确保火灾自动报警系统和灭火系统处于正常工作状态，确保高位消防水箱、消防水池、气压水罐等消防储水设施水量充足；确保消防泵出水管阀门、自喷水灭火系统管道上的阀门常开；确保消防水泵、防排烟风机、防火卷帘等消防用电设备的配电柜开关处于自动（接通）位置。

5. 火警处置

接到火灾警报后，必须立即以最快方式确认。火灾确认后，必须立即将火灾报警联动控制开关转入自动状态（处于自动状态的除外），同时拨打“119”火警电话报警。并立即启动单位内部灭火和应急疏散预案，并应同时报告单位负责人。

第四节 火源管理

一、生产和生活中常见的火源

（一）明火

明火是指敞开的火焰，如火炉、油灯、电焊、气焊、火柴与烟火等。绝大多数明火火焰的温度都超过 700℃，而绝大多数可燃物的自燃点都低于

700℃。在一般情况下，只要明火焰与可燃物接触（有助燃物存在），可燃物经过一定的延迟时间便会被点燃。当明火焰与爆炸性混合气体接触时，气体分子会因火焰中的自由基和离子的碰撞和火焰的高温而引发连锁反应，瞬间导致燃烧或爆炸。

（二）高温物体

高温物体是最常见的火源之一，作为火源的高温物体很多，比如铁皮烟囱表面、电炉子、电烙铁、白炽灯、碘钨灯泡表面、汽车排气管等。另外微小体积的高温物体有烟头、发动机排气管排出的火星、焊割作业的金属熔渣等。当可燃物接触到高温物体足够时间，聚集足够热量，温度达到自燃点以上就会引起燃烧。对于不同的物质类型在不同条件下，火源具有不同的引燃能力。

（三）静电放电火花

如在物料输送过程中，因物料摩擦产生的静电放电，操作人员或其他人员穿戴化纤衣服产生的静电放电等，这种静电聚积起来可达到很高的电压。静电放电时产生的火花能点燃可燃气体、蒸汽或粉尘与空气的混合物，也能引爆火药。

（四）撞击摩擦产生火花

钢铁、玻璃、瓷砖、花岗石、混凝土等一类材料，在相互摩擦撞击时能产生温度很高的火花，如装卸机械打火，机械设备的冲击、摩擦打火，转动机械进入石子、钉子等杂物打火等。在易燃易爆场合应避免这种现象发生。

（五）电气火花

如电气线路、设备的漏电、短路、过负荷、接触电阻过大等引起的电火花、电弧、电缆燃烧等。电气动力设备要选用防爆型或封闭式；启动和配电设备要安装在另一房间；引入易燃易爆场所的电线应绝缘良好，并敷设在铁管内。

二、火源的管理

（一）生产和生活中常见火源的管理

1. 严格管理生产用火

禁止在具有火灾、爆炸危险的场所使用明火，因特殊情况需要使用明火作业的，应当按照规定事先办理审批手续。作业人员应当遵守消防安全规定，并采取相应的消防安全措施。甲、乙、丙类生产车间、仓库及厂区和库区内严禁动用明火，若因生产需要必须动火时，应经单位的安全保卫部门或防火责任人批准，并办理动火许可证，落实各项防范措施。对于烘烤、熬炼、锅炉、燃烧炉、加热炉、电炉等固定用火地点，必须远离甲、乙、丙类生产车间和仓库，满足防火间距要求，并办理动火许可证。

2. 加强对高温物体的防火管理

（1）照明灯

60W 的灯泡，温度可达 137℃ ~ 180℃，100W 的灯泡，温度可达 170℃ ~ 216℃，400W 高压汞灯玻璃壳表面温度可达 180℃ ~ 250℃，在有易燃物品的场所，照明灯下不得堆放易燃物品。在散发可燃气体和可燃蒸汽的场所，应选用防爆照明灯具。

（2）焊割作业金属熔渣

在动火焊接检修设备时，应办理动火许可证，动火前应撤除或遮盖焊接点下方和周围的可燃物品及设备，以防焊接飞散出去的熔渣点燃可燃物。

（3）烟头

在生产、储存易燃易爆物品的场所，应采取有效的管理措施，设置“禁止吸烟”的标志，严禁吸烟和乱扔烟头的行为。

（4）无焰燃烧的火星

煤炉烟囱、汽车和拖拉机排气管飞出火星，一般处于无焰燃烧状态，温度可达 350℃以上，应禁止与易燃的棉、麻、纸张及可燃气体、蒸汽、粉尘等接触，汽车进入有火灾爆炸危险的场所时，排气管上应安装火星熄灭器。

3. 采取防静电措施

运输或输送易燃物料的设备、容器、管道，都必须有良好的接地措施，防止静电聚积放电。在具有爆炸危险的场所，可向地面洒水或喷水蒸汽等，使该场所相对湿度大于 65%，通过增湿法防止电介质物料带静电。场所中的设备和工具，应尽量选用导电材料制成。进入甲、乙类场所的人员，不准穿戴化纤衣服。

4. 控制各种机械打火

生产过程中的各种转动的机械设备、装卸机械、搬运工具应有可靠的防止冲击、摩擦打火的措施，有可靠的防止石子、金属杂物进入设备的措施。对提升、码垛等机械设备易产生火花的部位，应设置防护罩。进入甲、乙类和易燃原材料的厂区、库区的汽车、拖拉机等机动车辆，排气管必须加戴防火罩。

5. 防止电气火花

（1）经常检查绝缘层，保证其良好的绝缘性。

（2）防止裸体电线与金属体相接处，以防短路。

（3）在有易燃易爆液体和气体的房间内，要安装防爆或密闭隔离式的照明灯具、开关及保险装置。如确无这种防爆设备，也可将开关、保险装置、照明灯具安装在屋外或单独安装在一个房间内；禁止在带电情况下更换灯泡或修理电器。

6. 采取防雷和防太阳光聚焦措施

甲、乙类生产车间和仓库以及易燃原材料露天堆场、储罐等，都应安设符合要求的避雷装置，引导雷电进入大地，使建筑物、设备、物资及人员免遭雷击，预防火灾爆炸事故的发生。甲、乙类车间和库房的门窗玻璃应为毛玻璃或普通玻璃涂以白色漆，以防止太阳光聚焦。

（二）生产动火的管理

1. 动火、用火的定义

所谓动火，是指在生产中动用明火或可能产生火种的作业。如熬沥青、烘砂、烤板等明火作业和打墙眼、电气设备的耐压试验、电烙铁锡焊等易产生火花或高温的作业等都属于动火的范围。

所谓用火，是指持续时间比较长，甚至是长期使用明火或赤热表面的作业，一般为正常生产或与生产密切相关的辅助性使用明火的作业。如生产或工作中经常使用酒精炉、茶炉、煤气炉、电热器具等都属于用火作业。

2. 固定动火区和禁火区

（1）固定动火区

固定动火区是指允许正常使用电气焊（割）、砂轮、喷灯及其他动火工具从事检修、加工设备及零部件的区域。单位应根据动火区应满足的条件划定固定动火区。在固定动火区域内进行的动火作业，可不办理动火许可证。

（2）禁火区

在易燃易爆工厂、仓库区内固定动火区之外的区域一律为禁火区。各类动火区、禁火区均应在厂区示意图上标示清楚。

根据国家有关规定，凡是在禁火区域内因检修、试验及正常的生产动火、用火等，均要办理动火或用火许可证，落实各项安全措施。

3. 动火的分级

（1）特级动火

特级动火是指在处于运行状态的易燃易爆生产装置和罐区等重要部位的具有特殊危险的动火作业。一般是指在装置区、厂房内包括设备、管道上的作业。所谓特殊危险是相对的，而不是绝对的。如果有绝对危险，必须坚持生产服从安全的原则，绝对不能动火。凡是在特级动火区域内的动火必须办理特级动火证。

（2）一级动火

一级动火是指在甲、乙类火灾危险区域内的动火。如在甲、乙类生产厂房、生产装置区、储罐区、库房等与明火或散发火花地点规定的防火间距内的动火均为一级动火。其区域为30m半径的范围，所以，凡是在这30m范围内的动火，均应办理一级动火证。

（3）二级动火

二级动火是指特级动火及一级动火以外的动火作业。即指化工厂区内除一级和特级动火区域外的动火和其他单位的丙类火灾危险场所范围内的动火。凡是在二级动火区域内的动火作业均应办理二级动火许可证。

第五节 易燃易爆物品防火管理

一、易燃易爆设备的管理

（一）易燃易爆设备的分类

1. 化工反应设备

如反应釜、反应罐、反应塔及其管线等。

2. 可燃、氧化性气体的储罐、钢瓶及其管线

如氢气罐、氧气罐、液化石油气储罐及其钢瓶、乙炔瓶、氧气瓶、煤气柜等。

3. 可燃的、强氧化性的液体储罐及其管线

如油罐、酒精罐、苯罐、二硫化碳罐、过氧化氢罐、硝酸罐、过氧化

二苯甲酰罐等。

4. 易燃易爆物料的化工单元设备

如易燃易爆物料的输送、蒸馅、加热、干燥、冷却、冷凝、粉碎、混合、熔融、筛分、过滤、热处理设备等。

（二）易燃易爆设备的火灾危险特点

1. 生产装置、设备日趋大型化

为获得更好的经济效益，工业企业的生产装置、设备正朝着大型化的方向发展。如生产聚乙烯的聚合釜已由普遍采用的 7 ～ 13.5m³/ 台发展到 100m³/ 台；而且已经制造出了直径 12m 以上的精馏塔和直径 15m 的填料吸收塔，塔高达 100 余米；生产设备的处理量增大也使储存设备的规模相应加大，我国 50 000t 以上的油罐已有 10 余座。由于这些设备所加工储存的都是易燃易爆的物料，所以规模的大型化使得设备的火灾危险性大大增加。

2. 生产和储存过程中承受高温高压

为了提高设备的单机效率和产品回收率，获得更佳的经济效益，许多生产工艺过程都采用了高温、高压、高真空等手段，使设备的质量及操作要求更为严格、更加困难，增大了火灾危险性。如以石脑油为原料的乙烯装置，其高温稀释蒸汽裂解法的蒸汽温度高达 1 000℃，加氢裂化的温度也在 800℃以上；以轻油为原料的大型合成氨装置，其一段、二段转化炉的管壁温度在 900℃以上；普通的氨合成塔的压力有 32MPa，合成酒精、尿素的压力都在 10MPa 以上，高压聚乙烯装置的反应压力达 275MPa 等。生产工艺过程中的高温高压，使物料的自燃点降低，爆炸范围变宽，且对设备的强度提出了更高的要求，操作过程中稍有失误，就可能对全厂造成毁灭性破坏。

3. 生产和储存过程中易产生跑冒滴漏

由于易燃易爆设备在生产和储存过程中承受高温、高压，很容易造成设备疲劳、强度降低，加之多与管线连接，连接处很容易发生跑冒滴漏；而且由于有些操作温度超过了物料的自燃点，一旦跑漏便会着火；还由于有的物料具有腐蚀性，设备易被腐蚀而使强度降低，造成跑冒滴漏，这些又增加了设备的火灾危险性。

（三）易燃易爆设备使用的消防安全要求

1. 合理配备设备，把好质量关

要根据企业生产的特点、工艺过程和消防安全要求，选配安全性能符合规定要求的设备，设备的材质、耐腐蚀性、焊接工艺及其强度等，应能保证其整体强度，设备的消防安全附件，如压力表、温度计、安全阀、阻火器、紧急切断阀、过流阀等应齐全合格。

2. 严格试车程序，把好试车关

易燃易爆设备启动时，要严格试车程序，详细观察设备运行情况并记录各项试车数据，保证各项安全性能达到规定指标。试车启用过程要有安全技术和消防管理部门的人员共同参加。

3. 加强操作人员的教育培训，提高其安全意识和操作技能

对易燃易爆设备应安排具有一定专业技能的人员操作。操作人员在上岗前要进行严格的消防安全教育和操作技能训练，经考试合格才能独立操作。并应做到“三好、四会”，即管好设备、用好设备，修好设备和会保养、会检查、会排除故障、会应急灭火和逃生。

4. 涂以明显的颜色标记，给人以醒目的警示

易燃易爆设备应当有明显的颜色标记，给人以醒目的警示。并在适当的位置粘贴醒目的易燃易爆设备等级标签，悬挂易燃易爆设备管理责任标牌，明确管理责任人和管理职责，以便于检查管理。

5. 为设备创造良好的工作环境

易燃易爆设备的工作环境，对其能否安全工作有较大的影响。如环境温度较高，会影响设备内气、液物料的蒸汽压；如环境潮湿，会加快设备的腐蚀，甚至影响设备的机械强度。因此，对使用易燃易爆设备的场所，要严格控制温度、湿度、灰尘、震动、腐蚀等条件。

6. 严格操作规程，确保正确使用

严格操作规程，是易燃易爆设备消防安全管理的一个重要环节。在工业生产中，如果不按照设备操作规程进行操作，如颠倒了投料次序，错开了一个开关或阀门，都可能酿成大祸。所以，操作人员必须严格按照操作规程进行操作，严格把握投料和开关程序，每一阀门和开关都应有醒目的标记、编号和高压、中压或低压的说明。

7. 保证双路供电，备有手动操作机构

对易燃易爆设备，要有保证其安全运行的双路供电措施。对自动化程

度较高的设备，还应备有手动操作机构。设备上的各种安全仪表，都必须反应灵敏、动作准确无误。

8. 严格交接班制度

为保证设备安全使用，操作人员下班时要把当班的设备运转情况全面、准确地向接班人员交代清楚，并认真填写交接班记录。接班的人员要做上岗前的全面检查，并认真填写检查记录，以使在班的操作人员对设备的运行情况有比较清楚的了解，对设备状况做到心中有数。

9. 切实落实设备维护保养与检查维修制度

设备操作人员每天要对设备进行维护保养，其主要内容包括：班前、班后检查，设备各个部位的擦拭，班中认真观察听诊设备运转情况，及时排除故障等，定期对设备进行安全检查，对检查出的故障设备及时维修，不得使设备带病运行。

10. 建立设备档案

加强对易燃易爆设备的管理，建立设备档案，及时掌握设备的运行情况。易燃易爆设备档案的内容主要包括：性能、生产厂家、使用范围、使用时间、事故记录、维修记录、维护人、操作人、操作要求、应急方法等。

二、易燃易爆危险品的消防安全管理

（一）危险化学品的分类

危险化学品品种繁多，危险化学品分为以下十六类。

爆炸物、易燃气体、易燃气溶胶、氧化性气体、压力下气体、易燃液体、易燃固体、自反应物质或混合物、自燃液体、自燃固体、自热物质和混合物、遇水放出易燃气体的物质或混合物、氧化性液体、氧化性固体、有机过氧化物、金属腐蚀剂。

（二）危险化学品安全管理职责和要求

1. 政府部门对危险品安全管理的职责

（1）国务院和省、自治区、直辖市人民政府安全生产监督管理部门，负责危险品安全监督的综合管理。包括危险品生产、储存企业的设立及其改建、扩建的审查，危险品包装物、容器专业生产企业的定点和审查，危险品经营许可证的发放，国内危险品的登记，危险品事故应急救援的组织和协调以及前述事项的监督检查。市县级危险品安全监督综合管理部门的职责由该级人民政府确定。

（2）应急管理部门负责危险品的公共安全管理，剧毒品购买凭证和准购证的发放、审查，核发剧毒品公路运输通行证，对危险品道路运输安全实施监督以及前述事项的监督检查。消防救援机构负责对易燃易爆危险品的生产、储存、运输、销售、使用和销毁进行消防监督管理。公众上交的危险品，由应急管理部门接收。

（3）质检部门负责易燃易爆危险品及其包装物生产许可证的发放，对易燃易爆危险品包装物或容器的产品质量实施监督检查。质检部门应当将颁发易燃易爆危险品生产许可证的情况通报国务院经济贸易综合管理部门、环境保护部门和应急管理部门。

（4）环境保护部门负责废弃易燃易爆危险品处置的监督管理，重大易燃易爆危险品污染事故和生态破坏事件的调查，毒害性易燃易爆危险品事故现场的应急监测和进口易燃易爆危险品的登记，并负责前述事项监督检查。

（5）铁路、民航部门负责易燃易爆危险品的铁路、航空运输和易燃易爆危险品铁路、民航运输单位及其运输工具的管理和监督检查。交通部门负责易燃易爆危险品公路、水路运输单位及其运输工具的管理和监督检查，负责易燃易爆危险品公路、水路运输单位、驾驶人员、船员、装卸员和押运员的资质认定。

（6）卫生行政部门负责易燃易爆危险品的毒性鉴定和易燃易爆危险品事故伤亡人员的医疗救护工作。

（7）国家市场监督管理部门依据有关部门批准、许可文件，核发易燃易爆危险品生产、经销、储存、运输单位的营业执照，并监督管理易燃易爆危险品市场经营活动。

（8）邮政部门负责邮寄易燃易爆危险品的监督检查。

2. 政府部门危险品监督检查的权限和要求

（1）进入易燃易爆危险品作业场所进行现场检查，向有关人员了解情况，调取相关资料，给易燃易爆危险品单位提出整改措施和建议。

（2）发现易燃易爆危险品事故隐患时，责令立即或限期排除。

（3）对不符合有关法律法规规定和国家标准要求的设施、设备、器材和运输工具，责令立即停止使用。

（4）发现违法行为，当场予以纠正或者责令限期改正。

3. 易燃易爆危险品单位的安全管理要求

（1）单位安全管理主要负责人和安全管理人员必须具备与本单位所从事的生产经营活动相应的安全生产知识和管理能力，并由有关主管部门对其安全生产知识和管理能力进行考核，考核合格后方可任职。

（2）单位安全管理主要负责人应当以国家有关法律法规为依据，建立健全本单位安全责任制；制定单位安全规章制度和重点岗位安全操作规程；定期督促检查单位的安全工作，及时消除隐患；组织制定并实施本单位的事故应急救援预案；发生安全事故应及时、如实向上级报告。

（3）单位安全管理机构应当对易燃易爆危险品从业人员进行安全教育和培训，保证从业人员具备必要的安全知识，熟悉有关规章制度和安全操作规程，掌握本岗位的安全操作技能。

（4）从事生产、储存、运输、销售、使用或者处置废弃易燃易爆危险品工作的人员，应当接受有关法律、法规、规章和安全知识、专业技术、人体健康防护和应急救援等知识和技能的培训，并经考核合格才能上岗作业。对特种作业操作人员，应按照国家有关规定经专门的特种作业安全培训，取得特种作业操作资格证书后才能上岗作业。

（5）易燃易爆危险品单位应当具备安全生产条件和所必需的资金投入，生产经营单位的决策机构、主要负责人或者个人经营的投资人应对资金投入予以保证，并对由于安全生产所必需的资金投入不足导致的后果承担责任。

（三）易燃易爆危险品生产、储存、使用的消防安全管理

1. 易燃易爆危险品生产、储存企业应当具备的消防安全条件

（1）生产工艺、设备或设施、存储方式符合国家相关标准；

（2）企业周边的防护距离符合国家标准或者国家有关规定；

（3）生产、使用易燃易爆危险品的建筑和场所必须符合建筑设计防火规范和有关专业防火规范；

（4）生产、使用易燃易爆危险品的场所必须按照有关规范安装防雷保护设施；

（5）生产、使用易燃易爆危险品场所的电气设备，必须符合国家电气防爆标准；

（6）生产设备与装置必须按国家有关规定设置消防安全设施，定期保养、校验；

（7）易产生静电的生产设备与装置，必须按规定设置静电导除设施，并定期进行检查；

（8）从事生产易燃易爆危险品的人员必须经主管部门进行消防安全培训，经考试取得合格证，方准上岗；

（9）消防安全管理制度健全；

（10）符合国家法律法规规定和国家标准要求的其他条件。

2. 易燃易爆危险品生产、储存企业设立的申报和审批要求

（1）企业设立的可行性研究报告；

（2）原料、中间产品、最终产品或者储存易燃易爆危险品的自燃点、闪点、爆炸极限、氧化性、毒害性等理化性能指标；

（3）包装、储存、运输的技术要求；

（4）安全评价报告；

（5）事故应急救援措施；

（6）符合易燃易爆危险品生产、储存企业必须具备条件的证明文件。

3. 易燃易爆危险品包装的消防安全管理要求

（1）易燃易爆危险品的包装应符合国家法律、法规、规章的规定和国家标准的要求。包装的材质、形式、规格、方法和单件质量（重量），应当与所包装易燃易爆危险品的性质和用途相适应，并便于装卸、运输和储存。

（2）易燃易爆危险品的包装物、容器，应当由省级人民政府经济贸易管理部门审查合格的专业生产企业定点生产，并经国务院质检部门的专业检测、检验机构检测、检验合格，方可使用。

（3）重复使用的易燃易爆危险品包装物（含容器）在使用前，应当进行检查，并做记录；检查记录至少应保存两年。质监部门应当对易燃易爆危险品的包装物（含容器）的产品质量进行定期或不定期的检查。

4. 易燃易爆危险品储存的消防安全管理要求

（1）易燃易爆危险品必须储存在专用仓库或储存室。储存方式、方法、数量必须符合国家标准。并由专人管理，出入库应当进行核查登记。

（2）易燃易爆危险品应当分类、分项储存，性质相互抵触，灭火方法

不同的易燃易爆危险品不得混存，垛与垛、垛与墙、垛与柱、垛与顶以及垛与灯之间的距离应符合要求，要定期对仓库进行检查、保养，注意防热和通风散潮。

（3）剧毒品、爆炸品以及储存数量构成重大危险源的其他易燃易爆危险品必须在专用仓库内单独存放，实行双人收发、双人保管制度。储存单位应当将剧毒品以及构成重大危险源的易燃易爆危险品的数量、地点以及管理人员的情况，报当地应急管理部门和负责易燃易爆危险品安全监督综合管理工作部门备案。

（4）易燃易爆危险品专用仓库，应当符合国家标准中对安全、消防的要求，设置明显标志。应当定期对易燃易爆危险品专用仓库的储存设备和安全设施进行检查。

（5）对废弃易燃易爆危险品处置时，应当严格按照固体废物污染环境防治法和国家有关规定进行。

（四）易燃易爆危险品经销的消防安全管理

1. 经销易燃易爆危险品必须具备的条件

（1）经销场所和储存设施符合国家标准；

（2）主管人员和业务人员经过专业培训，并取得上岗资格；

（3）有健全的安全管理制度；

（4）符合法律、法规规定和国家标准要求的其他条件。

2. 易燃易爆危险品经销许可证的申办

（1）经销剧毒性易燃易爆危险品的企业，应当分别向省、自治区、直辖市人民政府的经济贸易管理部门或者设区的市级人民政府的负责易燃易爆危险品安全监督综合管理工作的部门提出申请，并附送易燃易爆危险品经销企业条件的相关证明材料。

（2）省、自治区、直辖市人民政府的经济贸易管理部门或者设区的市级人民政府的负责易燃易爆危险品安全监督综合管理工作的部门接到申请后，应当依照规定对申请人提交的证明材料和经销场所进行审查。

（3）经审查，符合条件的，颁发危险品经销（营）许可证，并将颁发危险品经销（营）许可证的情况通报同级应急管理部门和环境保护部门，申请人凭危险品经销（营）许可证向国家市场监督管理部门办理登记注册手续。

不符合条件的，书面通知申请人并说明理由。

3. 易燃易爆危险品经销的消防安全管理要求

（1）企业在采购易燃易爆危险品时，不得从未取得易燃易爆危险品生产或经销许可证的企业采购；生产易燃易爆危险品的企业也不得向未取得易燃易爆危险品经销许可证的单位或个人销售易燃易爆危险品。

（2）经销易燃易爆危险品的企业不得经销国家明令禁止的易燃易爆危险品；也不得经销没有安全技术说明书和安全标签的易燃易爆危险品。

（3）经销易燃易爆危险品的企业储存易燃易爆危险品时，应遵守国家易燃易爆危险品储存的有关规定。经销商店内只能存放民用小包装的易燃易爆危险品，其总量不得超过国家规定的限量。

（五）易燃易爆危险品运输的消防安全管理

1. 易燃易爆危险品运输消防安全管理的基本要求

（1）运输、装卸易燃易爆危险品，应当依照有关法律、法规、规章的规定和国家标准的要求，按照易燃易爆危险品的危险特性，采取必要的安全防护措施。

（2）用于易燃易爆危险品运输的槽、罐及其他容器，应当由符合规定条件的专业生产企业定点生产，并经检测、检验合格方可使用。质检部门对定点生产的槽、罐及其他容器的产品质量进行定期或不定期检查。

（3）易燃易爆危险品运输企业，应当对其驾驶员、船员、装卸管理员、押运员进行有关安全知识培训，使其掌握易燃易爆危险品运输的安全知识并经所在地设区的市级人民政府交通部门（船员经海事管理机构）考核合格，取得上岗资格证方可上岗作业。

（4）运输易燃易爆危险品的驾驶员、船员、装卸管理员、押运员应当了解所运载易燃易爆危险品的性质、危险、危害特性，包装容器的使用特性和发生意外时的应急措施。在运输易燃易爆危险品时，应当配备必要的应急处理器材和防护用品。

（5）托运易燃易爆危险品时，托运人应当向承运人说明所托运易燃易爆危险品的品名、数量、危害、应急措施等情况。所托运的易燃易爆危险品需要添加抑制剂或稳定剂的，托运人交付托运时应当将抑制剂或稳定剂添加充足，并告知承运人。托运人不得在托运的普通货物中夹带易燃易爆危险品，也不得将易燃易爆危险品匿报或谎报为普通货物托运。

（6）运输易燃易爆危险品的槽罐以及其他容器必须封口严密，能够承受正常运输条件下产生的内部压力和外部压力，保证易燃易爆危险品在运输中不因温度、湿度或压力的变化而发生任何渗漏。

（7）任何单位和个人不得邮寄或者在邮件内夹带易燃易爆危险品，也不得将易燃易爆危险品匿报或者谎报为普通物品邮寄。

（8）通过铁路、航空运输易燃易爆危险品的，应符合国务院铁路、民航部门的有关专门规定。

2. 易燃易爆危险品公路运输的消防安全管理要求

（1）通过公路运输易燃易爆危险品时，必须配备押运人员，并且所运输的易燃易爆危险品随时处于押运人员的监管之下。不得超装、超载，不得进入易燃易爆危险品运输车辆禁止通行的区域；确需进入禁止通行区域的，应当事先向当地应急管理部门报告，并由应急管理部门为其指定行车时间和路线，且运输车辆必须遵守应急管理部门为其指定的行车时间和路线。

（2）通过公路运输易燃易爆危险品的，托运人只能委托有易燃易爆危险品运输资质的运输企业承运。

（3）剧毒性易燃易爆危险品在公路运输途中发生被盗、丢失、流散、泄漏等情况时，承运人及押运人员应当立即向当地应急管理部门报告，并采取一切可能的警示措施。应急管理部门接到报告后，应当立即向其他有关部门通报情况；有关部门应当采取必要的安全措施。

（4）易燃易爆危险品运输车辆禁止通行的区域，由设区的市级人民政府应急管理部门划定，并设置明显的标志。运输烈性易燃易爆危险品途中需要停车住宿或者遇有无法正常运输的情况时，应向当地应急管理部门报告。

3. 易燃易爆危险品水路运输的消防安全管理要求

（1）禁止利用内河以及其他封闭水域等航运渠道运输剧毒性易燃易爆危险品。

（2）利用内河以及其他封闭水域等航运渠道运输禁运以外的易燃易爆危险品时，只能委托有易燃易爆危险品运输资质的水运企业承运，并按照国务院交通部门的规定办理手续，接受有关交通港口部门、海事管理机构的监督管理。

（3）运输易燃易爆危险品的船舶及其配载的容器应当按照国家关于船舶检验的规范进行生产，并经海事管理机构认可的船舶检验机构检验合格，方可投入使用。

（六）易燃易爆危险品销毁的消防安全管理

1. 销毁易燃易爆危险品应具备的消防安全条件

由于废弃的易燃易爆危险品稳定性差，危险性大，故销毁处理时必须要有可靠的安全措施，并须经当地公安和环保部门同意才可进行销毁，其基本条件如下。

（1）销毁场地的四周和防护措施，均应符合安全要求；

（2）销毁方法选择正确，适合所要销毁物品的特性，安全、易操作，不会污染环境；

（3）销毁方案无误，防范措施周密、落实；

（4）销毁人员经过安全培训合格，有法定许可的证件。

2. 易燃易爆危险品销毁的基本要求

（1）正确选择销毁场地

销毁场地的安全要求因销毁方法的不同而不同。当采取爆炸法或者燃烧法销毁时，销毁场地应选择在远离居住区、生产区、人员聚集场所和交通要道的地方，最好选择在有天然屏障或较隐蔽的地区。销毁场地边缘与场外建筑物的距离不应小于200m，与公路、铁路等交通要道的距离不应小于150m。当四周没有天然屏障时，应设有高度不小于3m的土堤防护。

销毁爆炸品时，销毁场地最好是无石块、瓦块的泥土或沙地。专业性的销毁场地，四周应砌筑围墙，围墙距作业场地边沿不应小于50m；临时性销毁场地四周应设警戒或者铁丝网。销毁场地内应设人身掩体和点火引爆掩体。掩体的位置应在常年主导风向的上风方向，掩体之间的距离不应小于30m，掩体的出入口应背向销毁场地，且距作业场地边沿的距离不应小于50m。

（2）严格培训作业人员

执行销毁操作的作业人员，要经严格的操作技术和安全培训，并经考试合格才能执行销毁的操作任务。执行销毁操作的作业人员应具备以下条件：①身体强壮，智能健全。②具有一定的专业知识。③工作认真负责，责任心强。④经安全培训合格。

（3）严格消防安全管理

消防救援机关应当加强对易燃易爆危险品的监督管理。销毁易燃易爆危险品的单位应当严格遵守有关消防安全的规定，认真落实具体的消防安全措施，当大量销毁时应当认真研究，做出具体方案（包括一旦引发火灾时的应急灭火预案）。并向消防救援机构申报，经审查并经现场检查合格方可进行，必要时，消防救援机构应当派出消防队现场执勤保护，确保销毁安全。

（七）易燃易爆危险品的登记与事故紧急救援管理

1. 易燃易爆危险品的登记管理

（1）易燃易爆危险品生产、储存企业以及使用的数量构成重大危险源的其他易燃易爆危险品使用单位，应当向国务院经济贸易综合管理部门负责易燃易爆危险品登记的机构办理易燃易爆危险品登记。易燃易爆危险品登记的具体办法应按照国务院经济贸易综合管理部门的有关要求进行。

（2）负责易燃易爆危险品登记的机构应当向环境保护、公安、质检、卫生等有关部门提供易燃易爆危险品登记的资料。

2. 易燃易爆危险品事故的紧急救援管理

（1）易燃易爆危险品事故紧急救援管理的基本要求

①县级以上地方各级人民政府，应当在本辖区域内配备、训练具有一定专业技术水平的紧急抢险救援队伍，并保证这支队伍的人员、设备和训练的经费。

②县级以上地方各级人民政府负责易燃易爆危险品安全监督综合管理的部门，应当会同同级其他有关部门制定易燃易爆危险品事故应急救援预案，报经本级人民政府批准。

③易燃易爆危险品单位应当制定本单位的事故应急救援预案，配备应急救援人员和必要的应急救援器材、设备，并定期组织演练。

④易燃易爆危险品事故应急救援预案应当报设区的市级人民政府负责易燃易爆危险品安全监督综合管理的部门备案。

（2）易燃易爆危险品事故紧急救援的实施

①立即组织营救受害人员，组织撤离或者采取其他措施保护危害区域内的其他人员；

②迅速控制危害源，并对易燃易爆危险品造成的危害进行检验、监测，测定事故的危害区域、易燃易爆危险品性质及危害程度；

③针对事故对人体、动植物、土壤、水源、空气造成的现实危害和可能产生的危害，迅速采取封闭、隔离、洗消等措施；

④对易燃易爆危险品事故造成的危害进行监测、处置，直至符合国家环境保护标准；

⑤易燃易爆危险品生产企业必须为易燃易爆危险品事故应急救援提供技术指导和必要的协助；

⑥易燃易爆危险品事故造成环境污染的信息，由环保部门统一公布。

第六节 重大危险源的管理

一、重大危险源的概念及其分类

（一）重大危险源的概念

重大危险源，是指生产、储存、运输、使用危险品或者处置废弃危险品，且危险品的数量等于或者超过临界量的单元（包括场所和设施）。临界量是指国家标准规定的某种或某类危险品在生产场所或储存区内不允许达到或超过的最高限量。单元是指一个（套）生产装置、设施或场所，或同属一个工厂的边缘距离小于500m的几个（套）生产装置、设施或场所。

（二）重大危险源的分类

重大危险源按照工艺条件情况分为生产区重大危险源和储存区重大危险源两种。其中，由于储存区重大危险源工艺条件较为稳定，所以临界量的数值相对较大。

二、重大危险源的安全管理措施

（1）实行重大危险源登记制度。通过登记，政府部门能够更清楚地从宏观了解我国重大危险源的分布状况及安全水平，便于从宏观上进行管理与控制。登记的内容包括企业概况、重大危险源的概况、安全技术措施、安全管理措施、以往发生事故的情况等。

（2）建立健全重大危险源安全监控组织机构。

（3）严格控制各类危险源的临界量。

（4）设置重大危险源监控预警系统。

（5）建立健全重大危险源安全技术规范和管理制度。

（6）建立完善的灾难性应急计划，一旦紧急事态出现，确保应急救援工作顺利进行。

（7）与重要保护场所必须保持规定的安全距离。

重大危险源也是重大能量源，为了预防重大危险源发生事故，必须对重大危险源进行有效的控制。所以，对于危险品的生产装置和储存数量构成重大危险源的储存设施，除运输工具、加油站、加气站外，与下列场所、区域的距离必须符合国家标准或者国家有关规定。

①居民区、商业中心、公园等人口密集区域；

②学校、医院、影剧院、体育场（馆）等公共场所；

③供水水源、水厂及水源保护区；

④车站、码头（按照国家规定，经批准，专门从事危险品装卸作业的除外）、机场以及公路、铁路、水路交通干线、地铁风亭及出入口；

⑤基本农田保护区、畜牧区、渔业水域和种子、种畜、水产苗种生产基地;

⑥河流、湖泊、风景名胜区和自然保护区；

⑦军事禁区、军事管理区；

⑧法律、行政法规规定予以保护的其他区域。

（8）不符合规定的改正措施。

对已建的危险品生产装置和储存数量构成重大危险源的储存设施不符合规定的，应当由所在地设区的市级人民政府负责危险品安全监督综合管理工作的部门监督其在规定期限内进行整顿；需要转产、停产、搬迁、关闭的，应当报本级人民政府批准后实施。

第七节 消防产品质量监督管理

一、消防产品的分类

根据公共安全行业标准《消防产品分类及型号编制导则》（GA/T 1250–2015) 和《消防产品目录（2018 年修订本）》（鲁公消［2018]138 号），消防产品按其用途分为 16 个类别，按其功能和特征暂分为 69 个品种。消防产品目录详见下表：

消防产品目录表

序号	类别	品种	典型产品
1	火灾报警设备	火灾报警触发器件	点型感烟火灾探测器、点型感温火灾探测器、独立式感烟火灾探测报警器、独立式感温火灾探测报警器、特种火灾探测器、点型紫外火焰探测器、线型光束感烟火灾探测器、线型感温火灾探测器、家用火灾探测器、手动火灾报警按钮、消火栓按钮
		火灾报警控制装置	火灾报警控制器、家用火灾报警控制器、家用火灾控制中心监控设备、城市消防远程监控设备、消防设备电源监控设备、防火门监控器
		火灾警报装置	火灾声和 / 或光警报器、火灾显示盘
		消防联动控制设备	消防联动控制器、消防电气控制装置、消防电动装置、消防设备应急电源、消防应急广播设备、消防电话、传输设备、模块、消防控制室图形显示装置
2	消防车	灭火消防车	水罐消防车、供水消防车、泡沫消防车、干粉消防车、干粉泡沫联用消防车、干粉水联用消防车、气体消防车、压缩空气泡沫消防车、泵浦消防车、远程供水泵浦消防车、高倍泡沫消防车、水雾消防车、高压射流消防车、机场消防车、涡喷消防车、干粉枪炮
		举高消防车	登高平台消防车、云梯消防车、举高喷射消防车、破拆消防车
		专勤消防车	通信指挥消防车、抢险救援消防车、化学救援消防车、输转消防车、照明消防车、排烟消防车、洗消消防车、侦检消防车、特种底盘消防车
		保障消防车	器材消防车、供气消防车、供液消防车、自装卸式消防车
3	消防装备	消防员防护装备	消防头盔、消防员灭火防护头套、消防手套、消防员灭火防护靴、抢险救援靴、消防指挥服、消防员灭火防护服、消防员避火服、消防员隔热防护服、消防员化学防护服、消防员降温背心、消防用防坠落装备、消防员呼救器、正压式消防空气呼吸器、正压式消防氧气呼吸器、消防员接触式送受话器、消防员方位灯、消防员佩戴式防爆照明灯、消防腰斧
		消防摩托车	二轮消防摩托车、三轮消防摩托车
		消防机器人	灭火机器人、排烟机器人、侦察机器人、洗消机器人、照明机器人、救援机器人
		抢险救援装备	手动破拆工具、液压破拆工具、破拆机具、消防救生气垫、消防梯、消防移动式照明装置、消防救生照明线、消防用红外热像仪、消防用生命探测器、移动式消防排烟机、消防斧、消防用开门器、救生抛投器、消防救援支架
4	消防水带	消防水带	有衬里消防水带、消防湿水带、消防水幕水带
		轻便消防水龙	轻便消防水龙
		消防软管卷盘	消防软管卷盘
		消防吸水胶管	消防吸水胶管

序号	类别	品种	典型产品
5	灭火器	手提式灭火器	手提式水基型灭火器、手提式干粉灭火器、手提式二氧化碳灭火器、手提式洁净气体灭火器
		推车式灭火器	推车式水基型灭火器、推车式干粉灭火器、推车式二氧化碳灭火器、推车式洁净气体灭火器
		简易式灭火器	简易式水基型灭火器、简易式干粉灭火器、简易式氢氟烃类气体灭火器
6	灭火剂	气体灭火剂	二氧化碳灭火剂、卤代烃灭火剂、惰性气体灭火剂
		泡沫灭火剂	泡沫灭火剂、A 类泡沫灭火剂
		干粉灭火剂	BC 干粉灭火剂、ABC 干粉灭火剂、BC 超细干粉灭火剂、ABC 超细干粉灭火剂、D 类干粉灭火剂
		水系灭火剂	水系灭火剂、F 类火灾水系灭火剂
7	消防供水设备	消防泵	车用消防泵、消防泵组
		固定消防给水设备	消防气压给水设备、消防自动恒压给水设备、消防增压稳压给水设备、消防气体顶压给水设备、消防双动力给水设备
		消火栓	室内消火栓、室外消火栓、消防水鹤、消火栓箱、消火栓扳手、消火栓连接器
		消防水泵接合器	地上式消防水泵接合器、地下式消防水泵接合器、墙壁式消防水泵接合器、多用式消防水泵接合器
		分集水器	分水器、集水器
		消防接口	内扣式消防接口、卡式消防接口、螺纹式消防接口
		消防枪	直流水枪、喷雾水枪、直流喷雾水枪、脉冲气压喷雾水枪、消防泡沫枪
		消防炮	消防水炮、消防泡沫炮、消防泡沫—水两用炮、远控消防炮
8	喷水灭火设备	喷头	洒水喷头、水雾喷头、早期抑制快速响应（ESFR）喷头、扩大覆盖面积洒水喷头、家用喷头、水幕喷头、雨淋喷头、自动灭火系统用玻璃球、消防用易熔合金元件
		报警阀	湿式报警阀、干式报警阀、雨淋报警阀、预作用装置、延迟器、水力警铃
		通用阀门	消防闸阀、消防球阀、消防蝶阀、消防电磁阀、消防信号蝶阀、消防信号闸阀、消防截止阀、减压阀
		管道及附件	消防洒水软管、加速器、压力开关、水流指示器、末端试水装置、沟槽式管接件
		其他喷水灭火装置	自动跟踪定位射流灭火装置、细水雾灭火装置
9	泡沫灭火设备	泡沫产生装置	低倍数空气泡沫产生器、中倍数泡沫产生器、高倍数泡沫产生器、高背压泡沫产生器、泡沫钩管、泡沫喷头
		泡沫喷射装置	泡沫炮、泡沫枪
		泡沫混合装置	压力式比例混合装置、平衡式比例混合装置、管线式比例混合器、环泵式比例混合器
		泡沫液泵	泡沫液泵
		泡沫消火栓箱	泡沫消火栓箱、泡沫消火栓
		轻便式泡沫灭火装置	半固定式（轻便式）泡沫灭火装置
		闭式泡沫 - 水喷淋装置	闭式泡沫 - 水喷淋装置
		其他泡沫灭火装置	厨房设备灭火装置、泡沫喷雾灭火装置、七氟丙烷泡沫灭火装置

续表

序号	类别	品种	典型产品
10	气体灭火设备	固定式气体灭火装置	高压二氧化碳灭火设备、低压二氧化碳灭火设备、卤代烷烃灭火设备、惰性气体灭火设备、固定灭火系统驱动控制装置
		柜式气体灭火装置	柜式卤代烷烃灭火装置、柜式惰性气体灭火装置、柜式二氧化碳灭火装置
		悬挂式气体灭火装置	悬挂式卤代烷烃灭火装置
		其他气体灭火装置	油浸变压器排油注氮灭火装置、气体类探火管式灭火装置、注氮控氧防火装置
11	干粉灭火设备	固定干粉灭火设备	固定干粉灭火设备
		柜式干粉灭火装置	柜式干粉灭火装置
		悬挂式干粉灭火装置	悬挂式干粉灭火装置
		其他干粉灭火装置	干粉类探火管式灭火装置
12	建筑防烟排烟设备	防火排烟阀门	防火阀、排烟防火阀、排烟阀、排油烟气防火止回阀
		消防排烟风机	轴流式消防排烟风机、离心式消防排烟风机
		挡烟垂壁	活动式挡烟垂壁、固定式挡烟垂壁
13	逃生避难装置	消防应急照明和疏散指示装置	消防应急标志灯具、消防应急照明灯具、消防应急照明标志复合灯具、应急照明控制器、应急照明集中电源
		消防安全标志牌	常规消防安全标志牌、蓄光消防安全标志牌、逆反射消防安全标志牌、荧光消防安全标志牌、其他消防安全标志牌
		火灾逃生避难器材	逃生缓降器、逃生梯、逃生滑道、应急逃生器、逃生绳、逃生舱、消防过滤式自救呼吸器、化学氧消防自救呼吸器、推闩式逃生门锁
14	建筑耐火构件	防火门	钢质防火门、木质防火门、钢木质防火门、其他材质防火门、防火门闭门器
		防火窗	钢质防火窗、木质防火窗、钢木复合防火窗、其他材质防火窗
		防火玻璃	防火玻璃、防火玻璃非承重隔墙
		防火卷帘	钢质防火卷帘、无机复合防火卷帘、防火卷帘用卷门机
15	火灾防护产品	防火涂料	饰面型防火涂料、钢结构防火涂料、电缆防火涂料、混凝土结构防火涂料
		防火封堵材料	防火封堵材料、防火膨胀密封件、阻火圈、阻燃处理剂、灭火毯、不燃无机复合板、防火刨花板、隧道防火保护板
		耐火电缆槽盒	耐火电缆槽盒、电缆用阻燃包带
		阻火抑爆装置	石油气体管道阻火器、石油储罐阻火器、机动车排气火花熄灭器
16	消防通信设备	火警受理设备	火警调度机、火警数字录音录时装置、火警受理信息设备、火警受理联动控制装置
		消防车辆动态管理装置	消防车辆动态终端机、消防车辆动态管理中心收发装置、消防车上装系统控制器
		消防指挥调度设备	火场通信控制台、消防用无线电话机、消防话音通信组网管理平台、消防员单兵通信设备、消防卫星通信系统便携式卫星站

续表

二、消防产品质量监督管理职责

（一）生产领域产品质量的监督检查，并依法履行以下职责

1. 组织开展消防产品生产领域产品质量的监督抽查；

2. 负责消防产品质量认证、检验机构的资质认定和监督管理；

3. 对制造假冒伪劣消防产品的违法行为，依法予以查处，并将查处情况通报消防救援机构；

4. 受理消防产品生产领域违法行为的举报、投诉，并按规定进行调查、处理。

（二）流通领域产品质量的监督检查，并依法履行以下职责

1. 组织开展消防产品流通领域产品质量的监督抽查；

2. 对销售假冒伪劣消防产品的违法行为，依法予以查处，并将查处情况通报公安机关消防机构；

3. 受理消防产品流通领域违法行为的举报、投诉，并按规定进行调查、处理。

（三）使用领域产品质量的监督检查，并依法履行以下职责

1. 组织开展在建建设工程消防产品专项监督抽查；

2. 在实施开业前检查和消防监督检查时，依照有关规定对消防产品质量实施检查；

3. 对消防产品质量认证、检验和消防设施检测等消防技术服务机构开展的认证、检验和检测活动进行监督；

4. 对发现的使用不合格消防产品或者国家明令淘汰的消防产品的违法行为，依法予以处理；

5. 受理消防产品使用领域违法行为的举报、投诉，并按规定进行调查、处理。

三、消防产品质量要求

（1）消防产品必须符合国家标准。无国家标准的，必须符合行业标准，新研制的尚未制定国家标准或行业标准的，经技术鉴定符合消防安全要求的，方可生产、销售、维修和使用。

（2）建筑构件和建筑材料的防火性能必须符合国家标准或者行业标准。

（3）根据国家工程建设消防技术标准的规定，室内装修、装饰工程，应当使用不燃、难燃材料或者阻燃制品的，必须依照消防技术标准选用由产品质量法规定确定的检验机构检验合格的材料。

（4）禁止生产、销售或者使用不合格的消防产品以及国家明令淘汰的消防产品；禁止使用不符合国家标准、行业标准或者地方标准的配件或者配料维修、保养消防设施和器材。

（5）为建设工程供应消防产品的单位应当提供强制性产品认证合格或者技术鉴定合格的证明文件、出厂合格证。

（6）供应有防火性能要求的建筑构件、建筑材料、室内装修装饰材料的单位应当提供符合国家标准、行业标准的证明文件、出厂合格证，并应做出质量合格的承诺。

（7）消防产品的使用单位应当根据建（构）筑物的火灾危险等级选用相应质量要求的消防产品。

（8）建设工程设计单位在设计中选用的消防产品，应当注明产品规格、性能等技术指标，其质量要求应当符合国家标准、行业标准。对尚未制定国家标准或行业标准的，应选用经技术鉴定合格的消防产品。

（9）消防产品生产、销售、安装、维修单位的基本信息目录由有关消防产品管理组织编制，并定期向社会公布。

四、消防产品违法应当承担的法律责任

（一）建设工程使用消防产品违法的处罚

1. 建设工程使用消防产品的违法行为

（1）建设单位要求建筑施工企业使用不符合市场准入的消防产品、不合格的消防产品或者国家明令淘汰的消防产品的。

（2）建筑施工企业安装不符合市场准入的消防产品、不合格的消防产品或者国家明令淘汰的消防产品，降低消防施工质量的。

（3）工程监理单位与建设单位或者建筑施工企业串通，弄虚作假，安装、使用不符合市场准入的消防产品、不合格的消防产品或者国家明令淘汰的消防产品的。

（4）建筑设计单位选用不符合市场准入的消防产品，或者国家明令淘汰的消防产品进行消防设计的。

2. 建设工程使用消防产品违法应当承担的法律责任

有上述情形之一的，由住建部门依照《中华人民共和国消防法》第五十九条的规定，责令停止施工、停止使用或者停产停业，并处三万元以上三十万元以下罚款。

（二）人员密集场所使用消防产品违法的处罚

人员密集场所使用不合格消防产品或者国家明令淘汰的消防产品的，由消防救援机构依照相关规定，责令限期改正；逾期不改正的，处五千元以上五万元以下罚款，并对其直接负责的主管人员和其他直接责任人员处五百元以上二千元以下罚款；情节严重的，责令停产停业。

使用不符合市场准入的消防产品的，由消防救援机构责令限期改正；逾期不改正的，处三千元以上三万元以下罚款，并对其直接负责的主管人员和其他直接责任人员处三百元以上一千元以下罚款；情节严重的，责令停产停业。

（三）消防产品质量技术服务机构消防安全违法的处罚

1. 消防产品质量技术服务机构的消防安全违法行为

（1）出具虚假文件的。

（2）出具失实文件，给他人造成损失的。

2. 消防产品质量技术服务机构消防安全违法应当承担的法律责任

（1）消防产品质量认证、技术鉴定、检验和消防设施检测等消防技术服务机构有上述违法行为之一的，由消防救援机构依照相关规定，责令改正，处五万元以上十万元以下罚款，并对直接负责的主管人员和其他直接责任人员处一万元以上五万元以下罚款；有违法所得的，并处没收违法所得；给他人造成损失的，依法承担赔偿责任；情节严重的，由原许可机关依法责令停止执业或者吊销相应资质、资格。因出具失实文件，给他人造成损失的，依法承担赔偿责任；造成重大损失的，由原许可机关依法责令停止执业或者吊销相应资质、资格。

（2）隐匿、转移、变卖、损毁被消防救援机构查封、扣押的物品的，由消防救援机构处被隐匿、转移、变卖、损毁物品货值金额等值以上三倍以下的罚款；有违法所得的，并处没收违法所得。

第六章 重点场所消防安全管理

第一节 医院的消防安全管理

一、医院的火灾危险特点

（一）可燃物聚集，火灾负荷大

医院可燃物大量聚集，使其火灾负荷量大。尤其是在医院的住院部，病人所使用的大量的棉被、床垫、床单等可燃物聚集，一旦发生火灾事故，提升了其火灾负荷量。加之医院的手术室、制剂室、药房存放使用的乙醇、甲醇、丙酮、苯、乙醚、松节油等易燃化学试剂，以及锅炉房、消毒锅、高压氧舱液氧罐等压力容器和设备，一旦在管理和使用中操作不当，极易造成严重的火灾事故，乃至发生爆炸事故。

（二）电气线路老化，超负荷用电

医院规模的不断增大，医院的患者也随之增多，大中型医疗设备不断引进，大多数医院的用电量不断增多。各类医疗器械、生活电器等都需要大量的电、气，而电器线路负荷量超载及短路问题严重，并成为火灾事故的“元凶”，其中很多医院由于原有建筑电器线路的老化严重，临时敷设线路乃至患者和家属私自使用电线的情况严重，线路复杂密集，致使电气线路超出了所能承载的用电负荷，致使电器线路超负荷或老化造成表面绝缘层破损发生短路，极易导致火灾事故的发生。

（三）燃烧迅速，火势蔓延快

医院内部在装修中使用大量材质不同的材料，大量可燃材料的使用，导致易燃危险医疗物品及可燃物资在火灾中燃烧猛烈。加之医院内部各类电器线路的连通，医院又依靠机械排风的方式，使得火灾发展中，火灾烟雾蔓延迅速。火灾初起阶段很短，一旦发生火灾，火灾扑救难度大。火势一旦不能及时控制，便会很快向猛烈势头发展，短时间内将蔓延至整个建筑。

（四）人员密集，疏散困难

根据统计，大中型医院的日就医量呈逐年上升的趋势。以一个市区级医院为例，每天的门诊量可达3 000人以上，尤其门诊楼和病房楼人员比较集中，加之大批病人家属、亲友的来往，加大了医院的人员流动量。一旦发生火灾事故，病人的行动不便，会导致疏散时间加长，加之烟气的退速扩散，能见度的降低，人员急于逃生的惶恐，易造成伤亡严重的火灾事故，且容易发生化学试剂爆炸等其他事故，造成人员的伤亡和重大经济损失。

（五）危险化学品种类多，火灾情况判定复杂

由于医疗事业的特殊需要，医院的功能具有复杂性，不可避免的存放的药品中涵盖一些危险的化学品，例如乙酰、苯、丙酮、甲醇、乙醇等易燃物质。由于危险化学品种类较多，其存放条件复杂，一旦发生火灾事故，其火势迅速发展的同时，易产生次生灾害连锁反应，给火灾救援的实施带来了困难，无法制定具有对策性的扑救措施，尤其是部分危险的化学品有爆炸的危险，给灭火救援带来极大的困难。

（六）内部结构复杂，扑救难度大

医院的内部结构复杂，设置有门诊部、住院部、手术室等，辅助治疗部分有放射、理疗、病理生化检验等，后勤供给保障部分有药房、制剂室和仓库、车库、配电房、锅炉房、设备维修间等。内部的分支逐渐连成建筑群，甚至为了方便病人和家属通行，各病房楼、门诊楼都通过走廊、楼梯等相连，构成了回字形或“L”字形建筑，这种建筑结构方便了就医的同时，也为火灾蔓延提供了一定的途径。

此外，部分医院设有中央空调、高档病房等，装修材料也越来越复杂，造成灭火救援工作难以开展，增加了灭火救援的难度。

二、医院的消防管理措施

（一）医院的一般防火要求

1. 建筑与安全疏散

医院的建筑耐火等级及安全疏散应遵循以下要求：①医院和疗养院的

住院部分采用三级耐火等级建筑时，不应超过 2 层；采用四级耐火等级建筑时，应为单层；设置在三级耐火等级的建筑内时，应布置在首层或二层；设置在四级耐火等级的建筑内时，应布置在首层。②医院和疗养院的病房楼内相邻护理单元之间应采用耐火极限不低于 2h 的防火隔墙分隔，隔墙上的门应采用乙级防火门，设置在走道上的防火门应采用常开防火门。③医疗建筑内的手术室或手术部、产房、重症监护室、贵重精密医疗装备用房、储藏间、实验室、胶片室等，附设在建筑内的托儿所、幼儿园的儿童用房和儿童游乐厅等儿童活动场所、老年人活动场所，应采用耐火极限不低于 2h 的防火隔墙和 1h 的楼板与其他场所或部位分隔，墙上必须设置的门、窗应采用乙级防火门、窗。④每个防火分区或一个防火分区的每个楼层，其安全出口不应少于 2 个。⑤高层医疗建筑内疏散楼梯最小净宽度为 1.3m。疏散走道最小净宽度，沿走道单面布房时为 1.4m，双面布房时为 1.5m。

2. 电器设备和消防设施

（1）安装电器设备必须由正式电工根据规范要求合理安装，电工应定期对电器设备、开关线路等进行检查，凡不符合安全要求的要及时维修或者更换。不准乱拉临时电线；

（2）治疗用的红外线、频谱仪等电加热器械，不可以靠近窗帘、被褥等可燃物，并应有专人负责管理，用后切断电源，保证安全；

（3）医院的放射科、病理科、手术室、药房以及变配电室等部门，均应配备相应的灭火器；

（4）高层医院须参照有关规定，安装自动报警和灭火系统以及防排烟设备、防火门、防火卷帘、消火栓等防火和灭火设施，以加强自防自救的能力。

3. 明火管理

（1）医院内要严格控制火种，病房、门诊室以及检查治疗室、纺房等处均禁止吸烟；

（2）取暖用的火炉应统一定点，由专人负责管理；

（3）处理污染的药棉、绷带及手术后的遗弃物的焚烧炉，需选择安全地点设置，由专人管理，防止引燃周围的可燃物；

（4）医院的太平间应加强防火管理，要及时清理死亡病人换下的衣物，不可堆积在太平间；病人家属按照旧习俗烧纸悼念亡人时，要加强宣传教育工作，加强劝阻。

（二）医院重点部位的防火要求

1. 放射科

放射科是医院借助 X(光) 射线对病人进行诊断的科室，防火重点是 X（光）射线机房和胶片室。

（1）X（光）射线机房

中型以上的 X 射线机，其电源应由专用电源变压器供电，开关与电线的截面应按最大计算负荷电流进行选择。导线电缆宜选用阻燃型并且穿金属管予以保护，高压电缆可敷设在电缆沟内，沟内孔洞应封堵，明敷部分应有机械保护，防止损坏。

（2）胶片室

胶片室应独立设置，室内要通风、阴凉，室温应为 0℃ ~ 10℃，最高不得超过 30℃；硝酸纤维胶片易霉变分解自燃，需单独存放，不应同乙酸纤维胶片混放在一起；胶片室应对电、火源加以控制，不得安装动力设施。

2. 手术室

（1）手术室内应有良好的通风设备，因为乙醚的蒸汽密度比空气大，通风排气口要设在手术室的下部，并且应采取一切措施减少乙醚蒸汽沉积。

（2）严格控制室内的易燃物品，尤其是酒精，手术时不得用盆装酒精进行消毒，若必须使用时宜在其他室进行，并且要做到随用随领，不得储存。

（3）应有效地消除静电。

3. 药房

（1）含醇量高的酊剂等药品存量不要过大，以两日用量为宜。乙醇及乙醚等以一日用量为宜，特别是乙醇，瓶装以 500ml 为宜，总存放量不得超过 50kg，否则就要另行存放。

（2）中药不得长期大量堆积，防止自燃。

（3）药房内不能有明火，严禁吸烟。

4. 病房

（1）病房通道内不得堆放杂物，通道应保持畅通，便于疏散病人；

（2）住院病房内，大多都使用氧气钢瓶，重点应注意氧气瓶的防火，要随时检查氧气瓶上是否有油污，尤其是阀门处，若发现油污应用非燃性清洗剂擦除；

（3）病房采暖应用水暖；

（4）病房内严禁病人及家属使用各种炉具加热食品，加热食品应在专门的炉灶集中加热。

5. 医用高压氧舱

（1）严格控制舱内火源，包括静电火源、电气设备火源、机械火花及明火；

（2）对舱内进行阻燃处理；

（3）严格控制氧舱内的氧浓度；

（4）加强氧舱管理。

（三）医院火灾防控的对策

1. 大规模医院应建立专职消防队

针对大规模的医院，应组建专职消防队伍，队伍应配备一定专业技术人才和基本的消防器材装备。应强化专职消防队伍的建设，提高其对消防设施、器材的维护保养以及初期火灾的扑救能力，加大对固定消防设施的保养和维护，尤其是将经常出入的常闭式防火门改为常开式。

机关、团体、企业、事业等单位以及村民委员会、居民委员会根据需要，建立志愿消防队等多种形式的消防组织，开展群众性自防自救工作。

对于人员密集来说，一旦发生火灾，若不及时扑救，很容易造成人员伤亡；火灾初发时，有时甚至不需要复杂的设备，一支灭火器就足以阻止火势蔓延。对于志愿消防队来说，最大职责就是控制初级火灾，防止火灾扩大。另外，志愿消防队和消防志愿者一样，对所在区域、单位还承担着检查、消除火灾隐患的工作。

火灾发生后最初几分钟，是扑灭火情的最佳时间，然而从消防部门接到火警报案到消防队员赶到火灾现场需要一定时间，常常就会错过最佳灭火时间，如果火灾发生地拥有一支志愿消防队，就能够在第一时间赶到火场，对有效控制火情将起到重要作用。

2. 增加疏散的途径

医院的疏散问题是火灾防控的难点，在保障疏散距离设计及安全出口设计的同时，应在医院的外科楼、病房楼配备基本的个人防护装备和逃生自救器材，如简易空气呼吸器、救生绳索等。有条件的医院可以针对疏散困难的患者设置临时避难场所或者斜坡式疏散通道。同时限定病房楼的建筑高度，针对疏散不便利的病患，应安置在较低的楼层，减少疏散的时间，便于病人逃生。

3. 确保消防通道畅通

随着私家车的不断普及，医院附近的停车问题日益显现，内部人员的车辆停放，加之病人家属的探望等，使得车辆随意停放的现象屡见不鲜。尤其是部分车辆随意停放在消防通道附近，造成消防通道不畅，应减少私家车辆的停放，确保消防通道的畅通。

4. 加大巡查力度，及时发现火灾隐患

医院应落实防火巡查制度，及时发现和消除火灾隐患，应完善火灾巡查制度，尤其是对消防设施的检查，应每半年或一年组织专业消防检测公司进行一次全面检测，确保自动消防设施联动正常，应定期开展消防设施的养护工作，落实专人负责消防设施的维护和保养，确保消防设施在灭火救援中能正常发挥其作用。

5. 加强管理，重点监控。

应对医院的高压氧舱、病理室、手术室、药房等重点部位进行重点防控，尤其是对易燃危险药品应限量存放，一般不得超过一天用量，使用氧化剂配方时应用玻璃、在质器皿节装，不能用纸包装。针对危险化学药品的存放，应由专人负责，且存放应严格执行存放标准，不得私自使用或随意带出。

三、“四个能力”建设

（一）检查和整改火灾隐患的能力

一是单位防火检查，巡查队伍建设。二是加强防火检查和巡查制度建设。三是明确检查要领，规范检查内容。在单位防火检查中要求做到查设施器材，禁损坏挪用；查照明指示，禁遮挡损坏等“十查十禁”，在防火巡查工作中，突出检查“用火用电有无违章，安全出口、疏散通道是否畅通，消防器材、标志是否完好，常闭式防火门是否处于关闭状态”四个方面的内容。在员工班前、班后防火检查中重点检查：用火用电有无违章，安全出口、疏散通道是否畅通，场所有无遗留火种等三个方面的内容。四是落实火灾隐患整改责任制。

（二）扑救初期火灾的能力

突出抓好“两支队伍”建设：一是单位灭火第一战斗力量队伍，灭火第一战斗力量是指失火现场单位员工在1分钟内自发形成的灭火救援力量。在发现火灾的第一时间，在灭火器材、设施附近的员工利用灭火器、消火栓等器材、设施灭火；在电话或火灾报警按钮附近的员工拨打“119”报警、报告消防控制室或单位值班人员；在安全出口或通道附近的员工负责引导人员疏散。二是单位灭火第二战斗力量队伍，灭火第二战斗力量由单位消防安全责任人、管理人和专兼职消防管理人员等组成。火灾确认后，应当于3分钟内形成，按照灭火和应急疏散预案要求分为通信联络组、灭火行动组、疏散引导组、安全救护组，现场警戒组等，接应灭火第一战斗力量开展灭火救援，单位这两支队伍是扑救初期火灾的重要力量。

（三）组织引导人员疏散逃生能力

一是要求单位消防安全责任人、消防安全管理人和员工必须做到“四熟练”：熟练掌握本单位疏散逃生路线，熟练掌握引导人员疏散程序，熟练掌握逃生设施使用方法，熟练掌握火场自救技能。二是疏散安全标志或图示达到“七个一”标准，即在单位醒目位置设置一张单位总平面图，每个楼层或房间设置一张疏散指示图，每个消防设施器材设置一个使用方法标牌，每个安全出口设置一个安全出口标志，疏散走道每20m设置一个疏散指示标志，消防车通道每50m设置一处提示性标牌，每个危险场所或部位设置一个警示性标牌。三是设置“两书三提示”，要求单位在主要出入口设了“消防安全责任告知书”和“消防安全承诺书”，在显著位置提示场所的火灾危险性、安全出口、疏散通道位置及逃生路线，消防器材的位置和使用方法。

第二节 校园的消防安全管理

一、幼儿园防火管理

（一）幼儿园的消防安全制度

1. 消防安全教育、培训制度

（1）每年以创办消防知识宣传栏、开展知识竞赛等多种形式，提高全体员工的消防安全意识。

（2）定期组织员工学习消防法规和各项规章制度，做到依法防火；

（3）各部门应针对岗位的特点进行消防安全教育培训；

（4）对消防设施维护保养和使用人员进行实地演示和培训。

（5）对教职工进行岗前消防培训。

2. 防火巡查、检查制度

（1）落实逐级消防安全责任制和岗位消防安全责任制，落实巡查检查制度；

（2）幼儿园后勤每月对幼儿园进行一次防火检查并复查追踪改善；

（3）检查中发现火灾隐患，检查人员应填写防火检查记录，并按照规定，要求有关人员在记录上签名；

（4）检查人员应将检查情况及时报告幼儿园管理人员，若发现幼儿园存在火灾隐患，应及时整改。

3. 消防控制中心管理制度

（1）熟悉并掌握各类消防设施的使用性能，保证扑救火灾过程中操作有序、准确迅速；

（2）发现设备故障时，应及时报告，并通知有关部门及时修复；

（3）发现火灾时，迅速按灭火扑救预案紧急处理，并拨打“119”电话通知消防救援部门并报告上级主管部门。

（二）幼儿园的消防安全管理措施

1. 园内建筑应满足耐火和安全疏散的防火要求

（1）幼儿园建筑应与甲、乙类火灾危险生产厂房、库房至少保持 50m 以上的距离，并应远离散发有害气体的部位。建筑面积不宜过大，耐火等级不应低于三级。

（2）附设在居住等建筑物内的幼儿园，应用耐火极限不低于 1h 的不燃体墙与其他部分隔开。设在幼儿园主体建筑内的厨房，应用耐火极限不低于 1.5h 的不燃体墙与其他部分隔开。

（3）幼儿园的安全疏散出口不应少于 2 个，每班活动室必须有单独的出入口。活动室或卧室门至外部出口或封闭楼梯间的最大距离：位于两个外部出口或楼梯间之间的房间，一、二级耐火等级为 25m，三级为 20m：位于袋形走道的房间，一、二级建筑为 20m，三级建筑为 15m。

（4）活动室、卧室的门应向外开，不宜使用落地或玻璃门：疏散楼梯的最小宽度不能小于 1.1m，坡度不能过大；楼梯栏杆上应加设儿童扶手，疏散通道的地面材料不宜太光滑。楼梯间应采用天然采光，其内部不得设置影响疏散的突出物及易燃易爆危险品（如燃气）管道。

（5）为了便于安全疏散，幼儿园为多层建筑时，应将年龄较大的班级布置在上层，年龄较小的布置在下层，不准设置在地下室内。

（6）幼儿园的院内要保持道路通畅，其道路、院门的宽度不应小于 3.5m。院内应留出幼儿活动场地和绿地，以便火灾时用作灭火展开和人员疏散用地。

2. 园内各种设施应满足消防安全要求

（1）幼儿园的采暖锅炉房应单独设置，并且锅炉和烟囱不能靠近可燃物或穿过可燃结构。要加设防护栅栏，防止幼儿玩火。室内的暖气片应设防护罩，以防烤燃可燃物品和烫伤幼儿。

（2）幼儿园的电气设备应符合电气安装规程的有关要求，电源开关、电闸、插座等距地面应不小于 1.5m，以防幼儿触电。

（3）幼儿园不宜使用台扇、台灯等活动式电器，应选用吊扇、固定照明灯。

（4）幼儿园的用电乐器、收录机等，应安设牢固、可靠，电源线应合理布设，以防幼儿触电或引起火灾事故。同时，要对幼儿进行安全用电的常识教育。

3. 加强对园内各种幼儿教育活动的防火管理

（1）教师、保育员用的火柴、打火机等引火物，要妥善保管，放置在孩子拿不到的地方。定期进行防火安全检查，督促检查厨房、锅炉房等单位搞好火源、电源管理。

（2）托儿所、幼儿园的儿童用房及儿童游乐厅等儿童活动场所不应使用明火取暖、照明，必须使用时，应采取防火措施。幼儿是祖国的明天，更是民族的未来，愿所有的幼教工作者，都能积极对幼儿进行消防安全知识教育，让孩子们能够在更加安全健康和充满快乐、幸福的氛围中茁壮成长。

二、中小学防火管理

（一）中小学的火灾危险特点

1. 火灾危险因素多，学生活泼好动，易玩火造成火灾

为了保证教育效果，不少中、小学校除了教学楼（室）外，一般都设有实验室、图书室、校办工厂等，这些部位的火灾危险因素较多，往往不慎而发生火灾。另外，中小学生活泼好动，模仿力强，也常因玩火、玩电子器具等引起火灾。

2. 学生人数众多，一旦遭遇火灾伤亡大

中小学学生数量多且集中，自救逃生能力差，一旦遇有火灾事故，会因烟气和火势的威胁陷入一片混乱。故一旦发生火灾，很容易造成伤亡事故。

（二）中小学的消防安全管理措施

1. 加强行政领导，落实防火措施

为了保证中、小学生安全健康的成长和学校教学工作的正常进行，中、小学应建立以主管行政工作的校长为组长，各班主任、总务管理人员为成员的防火安全领导机构，并配备 1 名防火兼职干部，具体负责学校的防火安全工作。防火安全领导机构应定期召开会议，研究解决学校防火安全方面的问题；要对教职员工进行消防安全知识教育，达到会使用灭火器材，会扑救初期火灾，会报警，会组织学生安全疏散、逃生的要求。要定期进行防火安全检查，对检查发现的不安全因素，要组织整改，消除火灾隐患，要落实各项防火措施。要配备质量合格，数量足够的灭火器材，并经常检查维修，保证完整好用。

2. 加强对学生的消防安全知识教育

中小学应将消防知识纳入教学内容，把课堂教育作为开展消防安全宣传的重要阵地，定期不定期开设专题消防知识课，使学生掌握消防安全常识。针对不同年龄段和大、中、小不同学历学生状况，采取专题讲座、典型案例教育、消防主题班会、消防安全图片巡展，消防安全征文、消防知识竞赛等灵活多样的消防宣传形式，将火灾报警、火灾扑救、各种消防器材使用方法、火场逃生自救常识及家庭火灾常识等消防安全知识传授给学生，按照“贴近生活，贴近实际，贴近学生”的原则，利用校园刊物、互联网页、校园广播等媒体开办固定消防宣传栏目，建立消防宣传阵地，开展常态化消防宣传。同时针对师生火灾自救自护能力薄弱环节，组织开展消防逃生疏散演练，掌握消防安全常识和技能，提高学生逃生自救能力。

3. 提高建筑物的耐火等级，保证安全疏散

中小学建筑应满足以下要求：①中小学校建筑的安全出口、疏散走道、疏散楼梯和房间疏散门等处每 100 人的净宽度应按 0.6m 计算。同时，教学用房的内走道净宽度不应小于 2.40m，单侧走道及外廊的净宽度不应小于 1.80m。②校园内除建筑面积不大于 200 ㎡，人数不超过 50 人的单层建筑外，每栋建筑应设置 2 个出入口。非完全小学内，单栋建筑面积不超过 500 ㎡，且耐火等级为一、二级的低层建筑可只设 1 个出入口。③每间教学用房的疏散门均不应少于 2 个，疏散门的宽度应通过计算；同时，每樘疏散门的通行净宽度不应小于 0.9m。当教室处于袋形走道尽端时，若教室内任一处距教室门不超过 15m，且门的通行净宽度不小于 1.5m 时，可设 1 个门。

教育部门、学校、消防部门互相之间要经常联系，密切配合，组织开展各种消防宣传教育活动。消防工作涉及面广，专业性较强，必须根据实际情况，以制度的形式，确立三方在消防宣传教育工作上的协作关系。建立消防教育领导组织和定期研究工作制度。在每年的“中小学校安全日”“119”消防宣传日、学生寒暑假期等时期，教育部门、消防部门与学校联合开展参观消防站、参加消防知识竞赛、文艺联欢、消防夏（冬）令营等寓教于乐的活动，提高中小学生的防火意识，同时也可以通过学生辐射到全社会共同搞好消防安全工作。

三、高等院校防火管理

（一）高等院校消防安全管理的特点

1. 高校人员密集，楼宇密集，短时间疏散不便

首先，高校扩招，人数增多。随着高校规模的不断扩大，招生人数增加，建筑增多。与之相适应的银行、邮政、商店等机构进驻，形成了较高密度的人员流动，对一旦发生火灾短时间内疏散人群造成了困难。其次，学生住宿比较集中。学生住宿往往集中在一个片区，宿舍区集中。每间宿舍约 12m ，住 4 ~ 8 名学生，宿舍走廊、过道也比较狭窄，且加装防护栏等防盗措施与防火措施往往矛盾，这样就在发生火灾时，人群不易疏散，易造成群体性事故。再次，学生群体性活动较多。高校学生举办活动频繁，既有全校活动、院系活动、班级活动，也有社团活动、文艺活动等，这些活动往往聚集了大量学生，由于消防知识、逃生技能的参差不齐，在发生火灾时，极

易造成场面的混乱，后果不堪设想。

2. 精密仪器多，珍贵资料多，火灾损失大

高校承担着科学研究的重要职责，拥有较多的实验器材、精密仪器，拥有贵重的生物标本、地质水文样本，还有丰富的珍贵资料、历史文献，一旦发生火灾，造成的损失是巨大的，甚至是无法估量的。有些高校实验室储存着多种实验用的化学药品，其中不排除易燃易爆物品，如果使用不当或疏忽大意，很容易发生火灾，给高校带来巨大损失。

不同的实验器材和珍贵资料的灭火方式是不同的，需要根据火灾的特殊情况有针对性地进行灭火，忽视这一点将导致损失扩大化。例如，实验室甲醇、煤油等起火，宜用干粉、泡沫灭火器灭火；电器设备起火则用二氧化碳灭火器灭火；甲烷、天然气起火应使用卤代烷、干粉灭火器。只有针对火源的特殊性，有的放矢，才能将火灾损！失降到最低程度。

3. 宿舍火灾高发

高校宿舍是火灾高发场所，在高校火灾事故中所占比例较大。宿舍之所以火灾频发，是由诸多因素造成的。首先，宿舍用电器增多。随着时代发展，学生宿舍用电器也在“升级”，除电灯、台灯、充电器等常用电器外，还出现了热水器、电磁炉、电热宝、吹风机等大功率用电器，这就大大增加了发生火灾的可能性。其次，电线线路老化也容易引起火灾。一些老校区线路老化，如果不能及时更换，再加上大功率用电器的使用，容易发生线路冒火花，进而引发火灾。此外，部分学生宿舍使用蜡烛、火柴、酒精炉或吸烟等也容易引发火灾。

（二）高等院校的消防管理措施

1. 建立健全防火安全管理体制机制

要加强制度建设，完善防火安全管理规范，建立健全防火安全管理体制机制特别是应重点完善防火安全制度执行机制。具体而言应建立健全各类科研、生活物资的防火安全管理制度和学校总体防火安全管理制度严格落实教育部、应急管理部制订的高校防火安全管理制度。特别要严格执行高校防火责任人制度、日常管理制度和防火宣传教育制度，做到学校防火安全管理有章可循、有法必依，有法可依；加强防火安全管理制度的执行管理，建立防火安全管理记录制度，对日常防火安全管理活动进行痕迹管理，确保管理

责任能够落到实处；加强对学生的防火安全规范教育，树立学生安全用火用电意识和易燃物资管理意识的建立，减少乃至杜绝人为引发火灾风险的主观认识基础。

2. 从源头防范火灾

加强易燃教学、科研、生活物资的防火安全管理，从源头防范火灾风险，降低火灾发生的可能性。防火安全管理的重心应放在火灾的预防工作上，其核心应放在防患于未然阶段，放在加强日常的程序性防火安全管理层面。切实加强学生宿舍、教学楼、实验室、图书馆、自习室、食堂、报告厅等场所的日常火灾安全排查管理。应加强电和火的使用管理，尤其是要为学生提供安全可靠的日常学习生活用电设施，并建立学生安全用电规范，防止因学生用电或用电不规范引发火灾。

3. 建立防火安全网络治理机制

利用高校学生资源较为丰富且与同学有密切联系的优势，成立学生志愿防火安全管理组织和志愿消防组织。建立校园防火安全管理的网络治理制度，扩展防火安全管理的主体来源，扩大学校防火安全管理的辐射范围，弥补学校防火安全管理教职员工相对有限、管理范围的辐射能力相对较窄的限制。建立多中心、网络化、全辐射的校园防火安全管理体制机制。

4. 提高建筑耐火能力和防火水平

加强现代自动防火灭火系统和耐火材料在高校各类教学、科研、办公、餐饮、住宿等建筑场所的建设运用，提升高校防火系统的防火灭火能力和将火灾消灭在萌发阶段的能力。具体而言，应强化火灾预警监测系统和联动控制系统、火灾自动报警系统及消防应急广播系统等防火安全管理系统和消防系统的建设力度，提高高校建筑物和相关设施的耐火能力和防火水平。

第三节 商场的消防安全管理

一、商场的火灾危险性

商场是人员、货物集中的场所，一旦发生火灾，容易造成群死群伤和巨额财产损失，商场的火灾危险性主要有以下几个方面：①营业厅面积大，且每层空间上下贯通，容易造成火灾蔓延扩大。②可燃商品多，容易造成重大经济损失。③商场人员聚集，流动量大，容易造成重大伤亡。④电气照明设备多，导致火灾的因素多。⑤扑救难度极大。

二、商场的防火管理措施

（一）建筑防火要求

根据国家有关消防技术规范规定，新建商场的耐火等级一般应不低于二级，商场内的吊顶和其他装饰材料，不准使用可燃材料，对原有建筑中可燃的木构件和耐火极限较低的钢架结构，必须采取措施，提高其耐火等级。商场内的货架和柜台，应采用金属框架和玻璃板组合制成。

大型商业建筑应设置环形消防车道。当确有困难时，应保证两个长边或不小于1/2周长范围形成消防车道。消防车道内边路缘距建筑外墙突出物边缘不宜小于5.00m。消防车道的转弯半径应满足大型消防车的要求。

（二）布局及防火分隔

1. 保证人员通行和安全疏散通道面积。商场营业厅作为公共场所，顾客人流所需的面积应予充分考虑。这方面目前国内尚无规范明确规定，但根据实际情况和参考外国经验：货架同人流所占的公共面积的比例——综合性大型商场或多层商场一般不小于1 ∶ 1.5；较小的商场最低不小于1 ∶ 1。人流所占公共面积，按高峰期间顾客平均流量人均占有面积不小于0.4m。柜台分组布置时，组与组之间的距离不小于3m。

2. 商场应按《建筑设计防火规范》的规定划分防火分区。多层商场地上按2 500m 为一个分区，地下按500m 作为一个防火分区；如商场装有自动喷水灭火系统时，防火分区面积可增加一倍：高层商场如果设有火灾自动报警系统，自动喷水灭火系统，并采用不燃或难燃材料装修时，地上商场防火分区面积可扩大到4 000m，地下商场防火分区面积可扩大到2 000m。

3. 对于电梯间、楼梯间、自动扶梯等贯通上下楼层的孔洞，应安装防火门或防火卷帘进行分隔，对于管道井，电缆井等，其每层检查口应安装丙级防火门，且每隔2 ~ 3层楼板处用相当于楼板耐火极限的材料进行分隔。

4. 商场的小型中转仓库、服装加工及家用电器、钟表、眼镜修理部维修部等应同营业厅分开独立设置。

5. 油浸电力变压器不宜设在地下商场内，如果必须设置时，应避开人员密集的部位和出入口，且应用耐火极限不低于3h的隔墙和耐火极限不低于2h的楼板与其他部位隔开，墙上的门应采取甲级防火门，变压器下面应设有能储存变压器全部油量的事故储油设施。

6. 空调机房进入每个楼层或防火分区的水平支持管上，均应按规定设置火灾时能自动关闭的防火阀门。空调风管上所使用的保温材料、吸音材料应选用不燃或难燃材料。

（三）消防设施

1. 火灾自动报警系统

商场中任一层建筑面积大于3 000m　或者总建筑面积大于6 000m　的多层商场，建筑面积大于500m　的地下、半地下商场及一些一类高层商场，应设置火灾自动报警系统。营业厅等人员聚集场所宜设置漏电火灾报警系统。

2. 灭火设施

商场应设置室内、室外消火栓系统，并应满足有关消防技术规范要求。建筑面积大于200m　的商业服务网点应设置消防软管卷盘或者轻便消防水龙。

第四节 集贸市场的消防安全管理

一、集贸市场的火灾危险特点

（一）建筑防火条件差

建筑面积大，上下连通，很容易造成立体燃烧。集贸市场的建筑面积少则二三千平方米，多则几万平方米，并且多数采用中庭式格局，敞开式扶梯，上下连通，往往总面积超过了防火分区的最大允许面积。有的集贸市场没有设置防火卷帘或者防火卷帘的耐火极限小于3h，有的集贸市场是原有的旧仓库、厂房改造而来的，没有设置火灾报警系统或未设置自动喷水灭火系统对防火卷帘进行保护，致使火灾发生后不能将火势控制在一定的区域内，造成火灾迅速地蔓延扩大。

（二）人员密集

客流量较大，安全疏散相对困难。集贸市场作为公众聚集场所平时客流量就很大，在一些节假日的时候，由于一些市场搞促销、搞活动等，人员流动性就更大，一个 3 000m 的市场在人流高峰的时候总人数在 5 000 人左右，约为 1.70 人 /m ，而《建筑设计防火规范》要求的疏散人数换算系数仅为 0.85 人 /m ，也就是说该市场的设计疏散总宽度为人流高峰时候的疏散总宽度的一半，理论数值与实际情况严重脱节，在发生火灾事故的时候势必会因人员的拥挤和踩踏而导致人员伤亡。

（三）可燃易燃物多

集贸市场一般经营日用百货、生活用品，其中棉、麻、塑料、腈纶等制品较多，绝大多数为可燃商品，或者本身为不燃物而包装为可燃物，加一些商贩违法储存，销售打火机、酒精等易燃易爆危险品。一些商贩为了周转流通快往往在卖场存放过多的商品，致使集贸市场内商品堆放成小仓库的现象时有发生。较多的可燃物造成总潜热能大，发生火灾后扑救困难，给集贸市场所带来的经济财产损失和人员伤亡较大。

（四）防火安全管理薄弱

一些集贸商场设有自动消防设施和器材，往往在投入使用一定时期后由于维护保养不当或者为了节约用水、用电人为关闭停用，使其失效甚至处于瘫痪状态，不能有效地发挥消防设施的作用及初控火灾的能力，导致火势蔓延扩大。

二、集贸市场的防火管理措施

（一）加大宣传力度，进一步提高消防安全意识

消防安全意识淡薄、消防知识匮乏是造成火灾的主要原因之一。消防宣传要采取常规的传达会议精神、发放宣传材料、监督检查等方式，使经营商户意识到造成火灾的后果是自己及他人的经济和精神损失巨大，调动经营户做好消防工作的自觉性和主动性，真正提高经营者的消防安全意识。

（二）强化监督，全面提高市场自防自救能力

消防监督在目前来讲仍是一项不可取代的执法手段，因此只能加强不能削弱。大部分集贸市场都已经列为消防安全重点单位，应按照《机关、团体、企业、事业单位消防安全管理规定》的规定定期进行消防安全自查，把消防安全制度和责任制建立健全并落实到位，每半年组织一次灭火和疏散演练，时刻保证消防设施正常好用，从而大大提高集贸市场的自防自救能力。

（三）政府部门联动，加大消防安全治理力度

监、技术监督等部门要采取必要措施，发挥各自的职能作用，对市场内不法经营户进行联合检查。对多次违反消防法律法规的单位经指出不改的，查实后过函给工商部门吊销其营业执照，彻底消除火灾隐患，为集贸市场经营提供良好的消防安全环境。

（四）建立健全消防组织

组织落实是消防措施落实的保证。各类集贸市场都应当建立义务消防队，在区（组）设防火安全员，并明确责任，切实在人员组织上抓好落实。对符合条件的集贸市场还应根据《机关、团体、企业、事业单位消防安全管理规定》的规定配备专职防火员和专职消防队。

（五）配备相应的消防设施和器材

集贸市场内的营业厅、办公室、仓库等用房，应当按照国家《建筑灭火器配置设计规范》的规定，由主办或合办单位负责配备相应的灭火器具。各摊位应当在市场主办单位或合办单位的组织下，配置相应的灭火器具，并掌握使用方法。对市场建筑物内的固定消防设施的维修和保养，应有集贸市场的产权单位负责，但专职或义务消防队所必需的消防器材状态，应有集贸市场主办单位配备，并应配备基本的消防通信和报警装置，做到一旦发生火灾能及时报警。

集贸市场的公共消防设施、器材，应当布置在明显和便于取用的地点。要明确专人管理，任何人不得将公共消火栓圈入摊位之内。各种消防设施、器材都应有专人定期检查和维护，使其处于良好的工作状态。

第五节 宾馆、饭店的消防安全管理

一、宾馆、饭店的火灾危险性

（一）可燃物多，容易造成重大人员伤亡和经济损失

现在的宾馆、饭店虽然大多为钢筋碇或钢结构，但由于装修及功能需要，内部存在大屋可燃、易燃材料及生活、办公用品等，一旦发生火灾，这些材料往往燃烧猛烈，一些装饰装修用的高分子材料、化纤聚合物在燃烧的同时，释放大量有毒气体，给人员疏散和火灾扑救工作带来很大困难。

（二）建筑结构本身容易造成火势迅速蔓延

一些宾馆、饭店的老板急于周转资金，在未及时办理消防设计审核、验收及开业前消防安全检查等手续的情况下，急忙投入营业，往往存在选址不合理、防火间距不足、安全通道不畅等先天性问题。许多场所在改造、装修过程中，过分注重功能和空间需要，肆意装修和划分功能区，人为破坏和降低了建筑物耐火等级，如低层公共部位由于功能和空间需要，常常以轻质材料进行水平分隔，没有良好的防火分隔和隔烟阻火措施，往往形成大面积着火空间等，加之一些客房、包间密闭性强，起火不易被及时发现等，一旦发生火灾，火势蔓延迅速，扑救困难。

（三）人员密集，流动频繁，管理难度大

由于宾馆、饭店的特殊性质，人员往往比较密集，且具有出入频繁、流动性大等特点，给日常管理工作带来难度。一些顾客由于对建筑物内环境、安全出口和消防设施等情况不熟，特别是一些外地和异国人员，语言沟通上存在障碍等，一旦发生火灾，存在忙乱现象，在休息间歇、特别是夜间人员疏于管理防范时段，极易造成人员的重大伤亡。

（四）用火、用电、用气等方面致灾因素多

厨房、操作间、锅炉房等部位是用火、用气的密集区域，液体、气体燃料泄漏或用火不慎，都会引发火灾。空调、电视、计算机、复印机、饮水机等用电设备的日益增加，电气设备引发火灾的可能性也随之增加。日常管理中，大多数宾馆、饭店管理人员由于缺乏消防常识和防火意识，疏于防范，入住人员不安全用火，“人走灯不灭，人走火未熄”的现象大有存在，电线私拉乱接、年久老化失修无人问津，对电视、计算机、复印机、饮水机等用电设备长时间处于通电或待机状态熟视无睹，违章使用明火、检修施工过程中焊割作业安全保护措施不到位等，都会导致火灾的发生。

二、宾馆、饭店的防火管理措施

（一）客房、公寓、写字间

客房、公寓、写字间是现代宾馆、饭店的主要部分，它包括卧室、卫生间、办公室、小型厨房、客房、楼层服务间、小型库房等。

客房、公寓发生火灾的主要原因是烟头、火柴梗引燃可燃物或电热器具烤着可燃物。发生火灾的时间一般在夜间和节假日，尤以旅客酒后卧床吸烟，引燃被褥及其他棉织品等发生的事故最为常见。所以，客房内所有装饰、装修材料均应符合《建筑内部装修设计防火规范》的规定，采用不燃材料或难燃材料，窗帘一类的丝、毛、麻、棉织品应经过防火处理，客房内除了固有电器和允许旅客使用的电吹风、电动剃须刀等日常生活的小型电器外，禁止使用其他电器设备，尤其是电热设备。

对旅客及来访人员应明文规定：禁止将易燃易爆物品带入宾馆，凡携带进入宾馆者，要立即交服务员专门储存，妥善保管。

客房内应配有禁止卧床吸烟的标志、应急疏散指示图、宾馆客人须知及宾馆、饭店内的消防安全指南。服务员在整理房间时要仔细检查，对烟灰缸内未熄灭的烟蒂不得倒入垃圾袋；平时应不断巡逻查看，发现火灾隐患应及时采取措施。

（二）餐厅、厨房

1. 留出足够的安全通道，保证人员安全疏散

餐厅应根据设计用餐的人数摆放餐桌，留出足够的通道。通道及出入口必须保持畅通，不得堵塞。

2. 加强用火、用电、用气管理

建立健全用火、用电、用气管理制度和操作规程，落实到每个员工的工作岗位。如餐厅内需要点蜡烛增加气氛时，必须把蜡烛固定在不燃材料制作的基座内，并不得靠近可燃物。供应火锅、烧烤风味餐厅，必须加强对炉火的看管，使用酒精炉时，严禁在火焰未熄灭前添加酒精，酒精炉应使用固体酒精燃料。餐厅内应在多处放置烟缸、痰盂，以方便宾客扔放烟头和火柴。

对厨房内燃气燃油管道、法兰接头、仪表、阀门必须定期检查，防止泄漏；发现燃气燃油泄漏，首先要关闭阀门，及时通风，并严禁使用任何明火和启动或关闭电源开关。燃气库房不得存放或堆放餐具等其他物品。楼层厨房不应使用瓶装液化石油气、煤气、天然气管道应从室外单独引入，不得穿过客房或其他公共区域。

厨房内使用厨房机械设备，不得超负荷用电，并防止电器设备和线路受潮。油炸食品时，要采取措施，防止食油溢出着火。工作结束后，操作人员应及时关闭厨房的所有燃气燃油阀门，切断气源、火源和电源后方能离开。房内的抽油烟机应及时擦洗，烟道每半年应清洗一次。厨房内除配置常用的

灭火器外，还应配置灭火毯，以便扑灭油锅起火的火灾。

（三）公共娱乐场所

宾馆饭店中的公共娱乐场所应当遵守《公共娱乐场所消防安全管理规定》，符合有关的防火要求。

（四）电气设备

随着科学技术的发展，宾馆、饭店设备的电气化、自动化日益普及，因电气设备管理使用不当引起的火灾时有发生。宾馆、饭店的电气线路，一般都敷设在吊顶和墙内，如发生漏电短路等电气故障，往往先在吊顶内起火，而后蔓延，并不易及时发觉，待发现时火已烧大，造成无可挽回的损失。因此，电器设备的安装、使用、维护必须做到：①客房里的台灯、壁灯、落地灯和厨房机电设备的金属外壳，应有可靠的接地保护。床头柜内设有音响、灯光、电视等控制设备的，应做好防火隔热处理。②照明灯具表面高温部位应当远离可燃物；碘钨灯、荧光灯、高压汞灯（包括日光灯镇流器），不应直接安装在可燃构件上；深罩灯、吸顶灯等如靠近可燃物安装时，应加垫不燃材料制作的隔热层；碘钨灯及功率大的白炽灯的灯头线应采用耐高温线穿套管保护；厨房等潮湿地方应采用防潮灯具。③空调、制冷和加热设备等要加强维护检查，防止发生火灾。

（五）安全疏散

宾馆、饭店建筑内应按照有关建筑设计防火规范设置防烟楼梯间或封闭楼梯间，保证在发生火灾时疏散人员、物资和扑救火灾。安全出口的数量，疏散走道的长度、宽度及疏散楼梯等疏散设施的设置，必须符合《建筑设计防火规范》等的规定。严禁占用、阻塞疏散走道和疏散楼梯间；为确保防火分隔，楼梯间、前室的门应为乙级防火门，并应向疏散方向开启；楼梯间及疏散走道应设置应急照明灯具和疏散指示标志；应急照明灯宜设在墙面上或顶棚上，安全出口标志宜设在出口的顶部；疏散走道的指示标志宜设在疏散走道及其转角处距地面 1m 以下的墙面上，且间距不应大于 20m；袋形走道疏散用应急照明灯，其地面最低照度不应低于 0.5lx，且连续供电时间不应少于 20min。

（六）定期维修保养建筑消防设施，保证正常运行

国家有关消防技术标准，对宾馆饭店的消防设施要求严格，通常应当

设置火灾自动报警系统、消火栓系统、自动喷水灭火系统、防烟排烟系统等各类消防设施。这些设施在建筑工程竣工验收合格后，要设专人操作维护，定期进行维修保养，在发生火灾时，保证发挥应有的作用。

（七）实行消防安全责任制

宾馆饭店必须落实消防安全责任制，既要加强硬件设施的管理，也要加强软件管理，建立健全各项消防安全管理制度，依法履行自身消防安全管理职责，定期组织防火检查，消除火灾隐患，加强员工消防教育培训，制定并经常演练灭火、疏散预案。

第六节　公共娱乐场所的消防安全管理

一、公共娱乐场所的范围及特点

公共娱乐场所包括歌厅、舞厅、卡拉OK厅、迪厅、夜总会、酒吧、戏曲茶座、网吧、电子游戏厅、影剧院、录像厅及各类演艺场所和社区娱乐场所。

此外，还包括与其功能相同或相似的营业性场所，如美容院、棋牌室、洗脚房，具有娱乐功能的餐馆、茶馆、酒吧、咖啡厅，洗浴、健身等场所。

公共娱乐场所普遍具有以下特点：①人员密集，流动量大，人员层次复杂；②室内装修、装饰可燃、易燃材料多；③用电设备多，功率大，电气线路错综复杂等特点。

特别是卡拉OK厅、夜总会、舞厅、影剧院等，这些场所人员密集，灯光暗淡，一旦起火，容易引起混乱，极易造成群死群伤的恶性火灾事故。

二、公共娱乐场所的消防安全管理要求

（一）健全、落实消防安全责任制

公共娱乐场所的法定代表人或者主要负责人是场所的消防安全责任人，对公共娱乐场所的消防安全工作全面负责。应当明确一名单位领导为消防安全管理人，负责组织实施场所的日常消防安全管理工作；确定至少两名专职消防安全管理员，负责消防安全检查和营业期间的防火巡查。场所的房产所有者在与其他单位、个人发生租赁、承包等关系后，其消防安全责任由经营者负责。在举办现场有文艺表演活动时，与演出举办单位应当明确消防安全责任，落实消防安全措施。

（二）公共娱乐场所的建筑设计防火要求

1. 建筑物应当符合耐火等级和防火分隔的要求

公共娱乐场所宜设置在耐火等级不低于二级的建筑物内；已经核准设置在三级耐火等级建筑内的公共娱乐场所，应当符合特定的防火安全要求。不得设置在文物古建筑和博物馆、图书馆建筑内，不得毗连重要仓库或者危险物品仓库，也不得在居民住宅楼内改建。当与其他建筑毗连或者附设在其他建筑物内时，应当按照独立的防火分区设置。设置在商住楼内时，应与居民住宅的安全出口分开设置。

2. 建筑内部装修应当符合消防技术标准

重建、改建、扩建或者变更内部装修的，其消防设计和施工应当符合国家有关建筑消防技术标准的规定。建设单位或者经营单位应当依法将消防设计文件报消防救援机构审核、验收，未经依法审核或审核不合格不得施工。

建筑内部装修、装饰材料，应当使用不燃、难燃材料，禁止使用聚氨酯类及在燃烧后产生大量有毒烟气的材料。疏散通道、安全出口处不得采用反光或者反影材料。公共娱乐场所内使用的阻燃材料应当有燃烧性能标识。内部装修工程竣工后，还应当向消防救援机构申报验收或者备案，进行开业前检查，未经验收或验收不合格的不得投入使用，经抽查不合格的，应当停止使用。

3. 安全出口必须符合安全疏散要求

公共娱乐场所的安全出口数量、疏散宽度和距离，应当符合国家有关建筑设计防火规范的规定。安全出口处不得设置门槛、台阶，疏散门应向外开启，不得采用卷帘门、转门、吊门和侧拉门，门口不得设置门帘、屏风等影响疏散的遮挡物，门窗上不得设置影响人员逃生和灭火救援的障碍物。在营业时必须确保安全出口和疏散通道畅通无阻，严禁阻塞或安全出口上锁。

4. 疏散指示灯及照明设施必须符合国家标准要求

安全出口、疏散通道和楼梯口应当设置符合标准的灯光疏散指示标志。指示标志应当设在门的顶部、疏散通道和转角处距地面 1m 以下的墙面上。设在走道上的指示标志的间距不得大于 20m。还应当设置火灾事故应急照明灯，照明供电时间不得少于 20min；设有包间的，包间内应当配备一定数量的照明和人员逃生辅助设备。

5. 地下建筑内设置公共娱乐场所的要求

公共娱乐场所一般不要设置在地下建筑内，必须设置时，除应符合其他有关要求外，只允许设在地下一层，通往地面的安全出口不应少于两个，安全出口、楼梯和走道的宽度应当符合有关建筑设计防火规范的规定；应当设置机械防烟排烟设施、火灾自动报警系统和自动喷水灭火系统，且严禁使用液化石油气等。

（三）公共娱乐场所在营业时的消防安全管理要求

1. 公共娱乐场所在营业时，不得超过额定人数；在进行营业性演出前，应当告知观众场所的安全疏散通道、出口的位置，逃生自救方法和消防安全注意事项。

2. 严禁带入、存放和使用易燃易爆危险品；严禁在演出、放映场所的观众厅内吸烟和使用明火照明、燃放烟花爆竹或者使用其他产生烟火的制品。在营业期间不得进行设备检修、电气焊、油漆粉刷等施工和维修作业。

3. 公共娱乐场所营业期间应当每两小时开展一次防火巡查，对安全出口、疏散通道是否在位；消防控制室值班、操作人员是否在位；电气设备和线路是否有异常；场所内是否有违规吸烟、使用明火和燃放烟花爆竹等内容进行防火巡查。

4. 防火巡查人员对巡查发现的问题，应当及时纠正。不能立即改正的，应当报告消防安全责任人或者消防安全管理人，停业整顿。营业结束后，应指定专人进行消防安全检查，清除烟蒂等火种。

5. 公共娱乐场所的消防设施应当每年进行一次检测，每月进行一次检查，保证消防设施完好有效。

（四）加强宣传教育培训，提升抗御火灾能力

1. 要加强娱乐场所消防安全责任人、消防安全管理人、专（兼）职消防安全管理人员、消防控制室值班操作人员的消防安全专门培训，要通过培训让其明确各自的消防安全职责，具备相应的消防管理素质和操作技能。

2. 各公共娱乐场所应定期对内部员工和新上岗的员工进行消防培训，使其懂得本岗位的火灾危险性，掌握预防火灾的一些措施、会报火警、会使用灭火器材、会组织引导人员疏散等知识和技能。新职工上岗前必须进行消防教育，如张贴图画、设置消防安全标牌等，向顾客和员工宣传防火灭火和

疏散逃生常识。

3. 平时公共娱乐场所应采取多种形式加强消防宣传教育，如张贴图画、设置消防安全标牌等，向顾客和员工宣传防火灭火和疏散逃生常识。

4. 消防救援机构应通过多种形式广泛宣传消防法规知识及基本的防火灭火知识，并将公共娱乐场所存在的火灾隐患及公共娱乐场所火灾事故查处情况，及时通过新闻媒体予以报道，通过一点触动一大片，让广大公共娱乐场所经营者自觉树立消防安全责任主体意识，自觉抓好消防工作。

第七节 重要办公场所的消防安全管理

一、会议室防火管理

办公楼一般都设有各种会议室，小则容纳几十人，大则可容纳数百人。大型会议室人员集中，而且参加会议者往往对大楼的建筑设施、疏散路线并不了解。因此，一旦发生火灾，会出现各处逃生的混乱局面。因此，必须注意以下防火要求：①办公楼的会议室，其耐火等级不应低于二级，单独建的中、小会议室，最好用一、二级，不得低于三级。会议室的内部装修，尽量采用不燃材料。②容纳 50 人以上的会议室，必须设置两个安全出口，其净宽度不小于 1.4m。门必须向外开，并不能设置门槛，靠近门口 1.4m 内不能设踏步。③会议室内疏散走道宽度应按其通过人数每 100 人不小于 60cm 计算，边走道净宽不得小于 80cm，其他走道净宽不得小于 1m。④会议室疏散门、室外走道的总宽度，分别应按平坡地面每通过 100 人不小于 65cm、阶梯地面每通过 100 人不小于 80cm 计算，室外疏散走道净宽不应小于 1.4m。⑤大型会议室座位的布置，横走道之间的排数不宜超过 20 排，纵走道之间每排座位不宜超过 22 个。⑥大型会议室应设置事故备用电源和事故照明灯具、疏散标志等。⑦每天会议进行之后，要对会议室内的烟头、纸张等进行清理、扫除，防止遗留烟头等火种引起火灾。

二、图书馆、档案馆及机要室防火管理

（一）提高耐火等级、限制建筑面积，注意防火分隔

1. 根据建筑设计防火规范要求，设在环境清静的安全地带，与周围易燃易爆单位，保持足够的安全距离，并应设在一、二级耐火等级的建筑物内。

不超过三层的一般图书馆、档案机要室应设在不低于三级耐火等级的建筑物内，藏书库、档案库内部的装饰材料，均采用不燃材料制成。

2. 为防止一旦发生火灾造成大面积蔓延，减少火灾损失，对书库建筑的建筑面积应适当加以限制。一、二级耐火等级的单层书库建筑面积不应大于 4 000m ，防火墙隔间面积不应大于 1 000m ：二级耐火等级的多层书库建筑面积不应大于 3 000m 、防火墙隔间面积也不应大于 1 000m ：三级耐火等级的书库，最多允许建三层：单层的书库，建筑面积不应大于 2 100m ，防火墙隔间面积不应大于 700m ；二、三层的书库，建筑面积不应大于 1 200m ，防火墙隔间面积不应大于 400m 。③复印、装订、照相、录放音像等部门，不要与书库、档案库、阅览室布置在同一层内，如必须在同一层内布置时，应采取防火分隔措施。④图书馆、档案机要室馆的阅览室，其建筑面积应按容纳人数每人 1.2m 计算。阅览室不宜设在很高的楼层，若建筑耐火等级为一、二级的应设在四层以下，耐火等级为三级的应设在三层以下。⑤书库、档案库，应作为一个单独的防火分区处理，与其他部分的隔墙，均应为不燃体，耐火极限不得低于 4h。书库、档案库内部的分隔墙，若是防火单元的墙，应按防火墙的要求执行，如作为内部的一般分隔墙，也应采取不燃体，耐火极限不得低于 1h。书库、档案库与其他建筑直接相通的门，均应为防火门，其耐火极限不应小于 2h，内部分隔墙上开设的门也应采取防火措施，耐火极限要求不小于 1.2h。书库、档案库内楼板上不准随便开设洞孔，如需要开设垂直联系渠道时，应做成封闭式的吊井，其围墙应采用不燃材料制成，并保持密闭。书库、档案库内设置的电梯，应为封闭式的，不允许做成敞开式的。电梯门不准直接开设在书库、资料库、档案库内，可做成电梯前室，防止起火时火势向上、下层蔓延。

（二）注意安全疏散

图书馆、档案机要室的安全疏散出口不应少于两个，但是单层面积在 100m 左右的，允许只设一个疏散出口，阅览室的面积超过 60m ，人数超过 50 人的，应设两个安全出口，门必须向外开启，其宽度不小于 1.2m，不应设置门槛；通常书库的安全出口不少于两个，面积小的库房可设一个，库房的门应向外或靠墙的外侧推拉。

（三）严格电器防火要求

1. 电气线路应全部采用铜芯线，外加金属套管保护。书库、档案库内禁止设置配电盘，人离开时必须切断电源。

2. 不准使用电炉、电视机、电熨斗、电烙铁、电烘箱等用电设备，不准用可燃物做灯罩，不准随便乱拉电线，严禁超负荷用电。

3. 采用一般白炽灯泡时，尽量不用吊灯，最好采用吸顶灯。灯座位置应在走道的上方，灯泡与图书、资料、档案等可燃物应保持 50cm 的距离。

4. 阅览室、办公室采用荧光灯照明时，必须选择优质产品，以防镇流器过热起火。在安装时切忌把灯架直接固定在可燃构件上，人离开时须切断电源。

（四）加强火源管理

1. 加强日常的防火管理，严格控制一切用火，并不准把火种带入书库和档案库，图书室和阅览室等处认真进行检查，防止留下火种或不切断电源而造成火灾。

2. 未经有关部门批准，防火措施不落实，严禁在馆（室）内进行电焊等明火作业。为保护图书、档案必须进行熏蒸杀虫时，因许多杀虫药剂都是易燃易爆的化学危险品，存在较大的火灾危险，所以应经有关领导批准，在技术人员的具体指导下，采取绝对可靠的安全措施。

（五）应有自动报警、自动灭火、自动控制措施

为了确保知识宝库永无火患，书林常在，对藏书量超过 100 万册的大型图书馆、档案馆，应采用现代化的消防管理手段，装备现代化的消防设施，建立高技术的消防控制中心。其功能应包括：火灾自动报警系统，二氧化碳自动喷洒灭火系统，闭式自动喷水、自动排烟系统，火灾紧急电话通信，闭路电视监控，事故广播和防火门、卷帘门、空调机通风管等关键部位的遥控关闭等。

图书馆、档案机要室收藏的各类图书报刊和档案材料，绝大多数都是可燃物品，公共图书馆和科研、教育机构的大型图书馆还要经常接待大量的读者，图书馆、档案机要室一旦发生火灾，不仅会使珍贵的孤本书籍、稀缺报刊和历史档案、文献资料化为灰烬，价值无法计算，损失绝难弥补，而且会危及人员的生命安全。因此，火灾是图书馆、档案机要室的大敌，在我国历史上，曾有大批珍贵图书资料毁于火患的记载近代，这方面的火灾也并不

少见，纵观图书馆等发生火灾的原因，主要是电器安装使用不当和火源控制不严所引起，也有受外来火种的影响，保障图书馆、档案机要室的安全，是保护祖国历史文化遗产的一个重要方面，对促进文化、科学等事业的发展关系极大。

三、电子计算机中心防火管理

（一）电子计算机中心的火灾危险性

电子计算机中心主要由计算机系统、电源系统、空调系统和机房建筑四部分组成。其中计算机系统主要包括输入设备、输出设备、存储器外、运算器和控制器五大件。在电子计算机房发生的各类事故中，火灾事故占80% 左右。据国内外发生的电子计算机房火灾事故的分析，起火部位大多是计算机内部的风扇、打印机、空调机、配电盘、通风管及电度表等。其火灾危险性主要缘于以下方面：①建筑内装修、通风管道使用大量可燃物；②电缆竖井、管道及通风管道缺乏防火分隔；③用电设备多、易出现机械故障和电火花；④工作中使用的可燃物品易被火源引燃起火。

（二）电子计算机中心的防火管理措施

1. 建筑构造

电子计算机中心的耐火等级不应低于一、二级，主机房和媒体存放间等要害部位应为一级。安装电子计算机的楼层不宜超过五层，应与建筑物的其他房间用防火墙（门）及楼板分开。房间外墙、间壁和装饰，要用不燃或阻燃材料建造，并且计算机机房及媒体存放间的防火墙或隔板应从建筑物的地板起直至屋顶，将其完全封闭。信息储存设备要安装在单独的房间，室内应配有不燃材料制成的资料架和资料柜。电子计算机主机房应设有两个以上安全出口，且门应向外开启。

2. 空调系统

大中型计算机中心的空调系统应与其报警控制系统实行联动控制，其风管及其保温材料、消声材料和黏结剂等均应采用不燃或难燃材料。通风、空调系统的送、回风管道通过机房的隔墙和楼板处应设防火阀，既要有手动装置，又应设置易熔片或其他感温、感烟等控制设备。当管内温度超过正常工作的最高温度 25℃时，防火阀即行顺气流方向严密关闭，并应有附设单独支吊架等防止风管变形而影响关闭的措施。

3. 电器设备

电子计算机中的电器设备应特别注意以下防火要求：①电缆竖井和其电管道竖井在穿过楼板时，必须用耐火极限不低于1小时的不燃体隔板分开；②大中型电子计算机中心应当建立不间断供电系统或自备供电系统；③计算机房和已记录的媒体存放间应设事故照明，其照度在距地面0.8m处不应低于5lx；④电器设备的安装和检查维修及重大改线和临时用线，要严格执行国家的有关规定和标准，由正式电工操作安装。

4. 日常的消防安全管理

计算机中心特别应注意抓好日常的消防安全管理工作，严禁存放腐蚀品和易燃易爆化学物品。维修中应尽量避免使用汽油、酒精、丙酮、甲苯等易燃溶剂，若确因工作需要必须使用时，则应采取限量的办法，随用随取，并严禁使用易燃品清洗带电设备。

维修设备时，必须先关闭设备电源再进行作业维修中使用的测试仪表、电烙铁、吸尘器等用电设备，用完后应立即切断电源，存放到固定地点。机房及媒体存放间等重要场所应禁止吸烟和随意动火。计算机中心应配备轻便的二氧化碳等灭火器，并放置在显要且便于取用的地点。工作人员必须实行全员安全教育和培训，使之掌握必要的防火常识和灭火技能，并经考试合格才能上岗。值班人员应定时巡逻检查，发现异常情况，及时处理和报告，处理不了时，要停机检查，排除隐患后才可继续开机运行，并将巡视检查情况做好记录。

第七章 建筑消防安全教育

第一节 建筑消防安全宣传教育

一、消防安全宣传教育的意义

（一）消防安全宣传教育是消防安全管理的重要措施

消防安全管理是一项重要的社会性工作，涉及各行各业和千家万户。消防工作的群众性和社会性，决定了要做好消防安全管理工作必须首先做好消防安全宣传工作。消防安全管理工作做得如何，在一定意义上说，取决于广大职工群众对消防安全管理工作重要性的认识，取决于广大职工群众的消防安全意识和消防知识水平，只有广大职工群众确实感到做好消防安全工作是他们的利益所在，是他们自已义不容辞的责任时，才能积极地行动起来，自觉地参与到消防安全管理工作中，消防安全管理工作才能做好。

（二）开展消防安全宣传教育，是贯彻消防工作路线的重要举措

消防工作的路线是“专责机关与群众相结合”。不论是在火灾预防方面，还是在灭火救援方面以及社会单位消防安全管理方面，都应当充分发挥职工群众的作用。要充分调动职工群众做好消防安全工作的积极性，提高其消防安全意识和遵守消防安全规章制度的自觉性，提高其火灾预防、灭火和自救逃生的能力，就必须通过消防安全宣传教育这一途径来实现。所以，消防安全宣传教育是贯彻消防工作路线的重要举措。

（三）开展消防安全宣传教育，可以普及消防知识，提高公民消防安全素质

火灾统计分析结果表明，绝大多数的火灾是由于人们消防安全意识淡薄，不懂得必要的消防常识，消防安全知识匮乏或违反消防安全规章制度和

安全技术操作规程所致。开展消防安全宣传教育可以提高全体公民对火灾的防范意识，掌握必备的消防知识和技能，使人们在生产、生活中自觉地遵守各项防火安全制度，自觉地检查生产、生活中的火灾隐患，并及时消除这些隐患。从根本上预防和减少火灾的发生。

（四）开展消防安全宣传教育，可促进全社会精神文明和社会的稳定

消防安全工作的任务，是保护公民生命、财产安全，保卫国家经济建设成果、维护社会秩序。从火灾造成的危害看，一方面会造成人员伤亡和经济损失，使人民群众的生命、健康受到伤害；另一方面，严重的火灾往往导致生产的停滞、企业的破产，影响经济的发展，影响社会的稳定和繁荣。所以，通过广泛的消防安全宣传教育，使职工群众人人都重视防火安全、人人都懂得防火措施、人人都能够自觉做好消防安全工作，创造良好的消防安全环境，从而提高公民的精神文明程度，促进社会的稳定和繁荣。

二、消防安全宣传教育的对象

公民作为消防安全实践的主体，抓好他们的消防安全宣传教育对提升全社会的消防安全能力至关重要。消防安全宣传教育的目的就是提高公民消防安全意识，普及消防安全知识，提高广大人民群众的消防安全素质。增强社会消防安全能力和社会的整体消防安全素质。因此，消防安全宣传教育的对象主要是广大的社会民众。这也是由消防安全宣传教育的特点所决定的。

在对公民的消防安全宣传教育中，农民工、社区群众、单位职工应当是重点，而老、弱、病、残、儿童应当是消防安全宣传教育的重中之重。随着改革开放的不断深入和社会经济的不断发展，城镇居民社区和农村人口的结构都发生了显著变化，大量青壮年外出务工，农村部分家庭只剩下妇女、儿童和老年人留守，其中老、弱、病、残及弱势群体的人口比重相对增加。由于老、弱、病、残及弱势群体的自防自救能力相对较弱，一旦发生火灾，将面临严重的威胁，因此，老、弱、病、残及弱势群体人员是消防安全宣传教育的重中之重。

三、消防安全宣传教育的内容

开展消防安全宣传教育，应根据不同的教育对象，选取不同的教育内容。由于消防安全宣传教育是一种消防知识普及性教育，教育的对象主要是广大

人民群众，因此内容要相对简单、适用、通俗易懂。如，火灾案例教育，可以使公民充分认识到火灾的危害；公民的消防安全义务，可以使人们知道作为一个公民，在消防方面应该履行的义务；消防工作二十条，可以使人们懂得日常生活中，哪些事情不该做，做了可能会引起火灾等。另外，用火用电基本常识，常见火灾预防措施和扑救方法，常见灭火器材的使用方法，火场自救与逃生方法等内容都是消防安全宣传教育的可选内容。

四、消防安全宣传教育的要求

（一）要有针对性

消防安全宣传教育的首要要求就是要有针对性。所谓针对性就是在选择消防安全宣传教育的内容和形式时，要考虑宣传教育的对象、宣传时间和地点，针对具体的宣传教育对象和时间地点合理选择宣传内容和形式，这样才能达到良好的效果。因为不同时期针对不同人群消防工作的要求和重点不同，如春季和秋季不同，城市和农村不同，化工企业和轻纺企业不同，电焊工和仓库保管员不同，消防安全教育的内容也是有区别的。所以，在进行消防安全教育时，要注意区别这些不同特点，抓住其中的主要矛盾，有针对性、有重点地进行。

（二）要讲究时效性

任何火灾，都是在某种条件下发生的，它往往反映某个时期消防工作的特点。所以，消防安全宣传教育，应特别注意利用一切机会，抓住时机进行。譬如，某地发生一起校园的火灾，各院校就要及时利用这一火灾案例对学生进行宣传教育，分析起火和成灾的直接原因与间接原因，应该从中吸取什么教训，如何防止此类火灾的发生等。如果时过境迁之后再去宣传这个案例，其时效性显然不如短时间之内的好。另外消防安全教育的内容应和季节相吻合。如夏季应宣传危险物品防热、防自燃等知识，冬季宣传炉火取暖防火、防燃气泄漏爆炸等。若不按事物的时间规律去做，就不会有很好的效果。

（三）要有知识性

任何事物的发生、发展都有其必然的原因和规律，火灾也不例外。要让人们知道预防火灾的措施、灭火的基本方法等知识，在进行消防安全教育时就必须设法让人们知道火灾发生、发展的原因和规律。这就要求在选择消防安全宣传教育的内容时要有知识性。譬如，在进行消防安全宣传教育时，经常要讲到“不能用铜丝或铁丝代替保险丝”“不能随地乱扔烟头”“不能携带易燃易爆物品乘坐交通工具”，等等，在强调这些违禁行为的同时，还要讲明为什么不能这样做，这样做可能会造成什么样的后果，带来什么样的危害，将原因和道理寓于其中。这样，人们通过知识性的宣传教育，就能自然掌握消防安全知识，自觉注意消防安全。

（四）要有趣味性

在消防安全宣传教育的内容和方法上还应具有趣味性。所谓趣味性，就是通过对宣传教育内容的加工，针对不同的对象、时间、地点、内容，用形象、生动、活泼的艺术性手法或语言，将不同的听者、看者的注意力都聚集于所讲的内容上的一种手法。同样的内容，同一件事物，不同的宣传手法会产生不同的效果。所以要掌握趣味性的手法，形式要新颖，不拘一格，语言要生动活泼、引人入胜。要让受教育者如闻其声、如观其行、如睹其物、如临其境；使所宣讲内容对听者、看者具有吸引力，使人想听、想看，达到启发群众、教育群众的目的。

第二节 安全培训教育

一、消防安全培训教育的管理职责

（一）应急管理机关的职责

1. 掌握本地区消防安全培训教育工作情况，向本级人民政府及相关部门提出工作建议；

2. 协调有关部门指导和监督社会消防安全培训教育工作；

3. 会同教育行政部门、人力资源和社会保障部门对消防安全专业培训机构实施监督管理；

4. 定期对社区居民委员会、村民委员会的负责人和专（兼）职消防队、志愿消防队的负责人开展消防安全培训。

（二）教育行政部门的职责

教育行政部门在消防安全培训教育工作中应当履行下列职责。

1. 将学校消防安全培训教育工作纳入培训教育规划，并进行教育督导和工作考核；

2. 指导和监督学校将消防安全知识纳入教学内容；

3. 将消防安全知识纳入学校管理人员和教师在职培训内容；

4. 依法在职责范围内对消防安全专业培训机构进行审批和监督管理。

（三）民政部门的职责

1. 将消防安全培训教育工作纳入减灾规划并组织实施，结合救灾、扶贫济困和社会优抚安置、慈善等工作开展消防安全教育；

2. 指导社区居民委员会、村民委员会和各类福利机构开展消防安全培训教育工作；

3. 负责消防安全专业培训机构的登记，并实施监督管理。

（四）人力资源和社会保障部门的职责

1. 指导和监督机关、企业和事业单位将消防安全知识纳入干部、职工教育、培训内容；

2. 依法在职责范围内对消防安全专业培训机构进行审批和监督管理。

（五）安全生产监督管理部门的职责

1. 指导、监督矿山、危险化学品、烟花爆竹等生产经营单位开展消防安全培训教育工作；

2. 将消防安全知识纳入安全生产监管监察人员和矿山、危险化学品、烟花爆竹等生产经营单位主要负责人、安全生产管理人员及特种作业人员培训考核内容；

3. 将消防法律法规和有关技术标准纳入注册安全工程师及职业资格考试内容。

二、消防安全培训教育的对象

（一）企业事业单位的领导干部

单位消防安全管理工作的推进有两个原动力，一个是领导自上而下的规划推动力，另一个是职工自下而上的需求拉动力。这两个动力相互作用，缺一不可。而各级领导对消防安全管理工作的重视和支持是发挥这两个原动力的关键。如果各级领导以及职工都能从消防安全管理的作用、任务和根本价值取向上取得共识，在实际工作中，建筑消防安全管理的分歧和矛盾就仅仅是具体方法、形式、进度以及所涉及利益关系上的调整。要做好单位消防安全管理工作，就必须加强领导，统筹规划，精心组织，全面实施。只有这样才能切实落实消防安全管理措施和管理制度，保障单位的消防安全。因此，对单位领导进行消防安全法律法规教育、火灾案例教育等方面的培训，提高其消防安全意识是十分必要的。

（二）企事业单位的消防安全管理人员

企事业单位的消防安全管理人员长期从事单位消防安全管理的实际工作，是普及消防安全知识不可或缺的力量，他们个人消防安全素质的高低，消防安全管理能力的强弱，将影响整个单位消防安全管理的质量，因此，对企事业单位消防安全管理人员的培训应该采取较为专业的方式，主要由消防救援部门对他们进行专业知识和技能的培训教育，使他们掌握一定的消防安全知识、消防技能和消防安全管理方法，以对本单位进行更加有效的消防安全管理。

（三）企事业单位的职工

企事业单位的职工是单位的主人，是消防安全实践的主体，他们个人消防安全素质的好坏，将直接影响企业事业单位的安全。单位应当根据本单位的特点建立健全消防安全培训教育制度，明确机构和人员，保障培训工作经费，定期开展形式多样的消防安全宣传教育；对新上岗和进入新岗位的职工进行上岗前的消防安全培训；对在岗的职工每年至少进行一次消防安全培训；消防安全重点单位每半年至少组织一次灭火和应急疏散演练，其他单位每年至少组织一次演练。

（四）重点岗位的专业操作人员

单位重点岗位的专业操作人员是单位消防安全培训的重点，由于岗位的重要性，使得他们操作的每一个阀门，安装的每一个螺丝，敷设的每一根电线，按动的每一个按钮，添加的每一种物料等都可能成为事故的来源，如若不具有一定的事业心，不掌握一定的消防安全知识和专业操作技术，就有可能出现差错，就会带来事故隐患，甚至造成事故。而一旦造成事故将直接威胁职工的生命安全和单位的财产安全。所以，必须对重点岗位专业操作人员进行消防安全培训，使其了解和掌握消防法律、法规，消防安全规章制度和劳动纪律；熟悉本职工作的概况，生产、使用、储存物资的火险特点，危险场所和部位，消防安全注意事项；了解本岗位工作流程及工作任务，熟悉岗位安全操作规程，重点防火部位和防火措施及紧急情况的应对措施和报警方法等。

（五）进城务工人员

进城务工人员是指户籍在农村而进城打工的人员，俗称农民工。随着经济建设的飞速发展，还会有更多的农民工进城务工。他们大部分在建筑业第一线从事具体劳动，其安全意识的强弱，消防安全知识的多少和消防安全素质的高低，将直接影响公共消防安全和自身安全。另外，由于生活环境和受教育程度的不同，他们对城市生活还比较陌生，对城市家庭使用的燃气、家电等的性能和使用方法都还不是很清楚；对企业生产过程中的消防安全知识、逃生自救知识也知之较少，往往因操作失误而造成事故，甚至危及自己的生命；尤其是遇到火灾事故因不知如何逃生而丧失性命。加强对进城务工人员的消防安全培训教育非常重要。

三、消防安全培训教育的形式

（一）按培训对象人数的多少

1. 集中培训

（1）授课式

主要是以办培训班或学习班的形式，将培训人员集中一段时间，由教员在课堂上讲授消防安全知识。这种方式，一般是有计划进行的一种消防安全培训方式。如成批的新工人入厂时进行的消防安全培训、消防救援机构或其他有关部门组织的消防安全培训等多采用此种方式。

（2）会议式

就是根据一个时期消防安全工作的需要，采取召开消防安全工作会、消防专题研讨会、火灾事故现场会等形式，进行消防安全培训教育。

根据消防工作的需要，定期召开消防安全工作会议，研究解决消防安全工作中存在的问题；针对消防安全管理工作的疑难问题或单位存在的重大消防安全隐患，召开专题研讨会，研究解决问题的方法，同时又对管理人员进行了消防安全教育；火灾现场会教育是用反面教训进行消防安全教育的方式。本单位或其他单位发生了火灾，及时组织职工或领导干部在火灾现场召开会议，用活生生的事实进行教育，效果应该是最好的。在会上领导干部要引导分析导致火灾的原因，认识火灾的危害，提出今后预防类似火灾的措施和要求。

2. 个别培训

个别培训就是针对职工岗位的具体情况，对职工进行个别指导，纠正错误之处，使操作人员逐步达到消防安全的要求。个别培训主要有岗位培训教育、技能督察教育两种。

岗位培训教育是根据职工操作岗位的实际情况和特点而进行的。通过培训使受训职工能正确掌握“应知应会”的内容和要求。技能督察教育是指消防安全管理人员在深入职工操作岗位督促检查消防教育结果时发现问题，要弄清原因和理由，提出措施和要求，根据各人的不同情况，采取个别指导或其他更恰当的方法对职工进行教育。

（二）按培训教育的层次

1. 厂级培训教育

新工人来单位报到后，首先要由消防安全管理人员或有关技术人员对他们进行消防安全培训，介绍本单位的特点、重点部位、安全制度、灭火设施等，学会使用一般的灭火器材。从事易燃易爆物品生产、储存、销售和使用的单位，还要组织他们学习基本的化工知识，了解全部的工艺流程。经消防安全培训教育，考试合格者要填写消防安全教育登记卡，然后持卡向车间（部门）报到。未经过厂级消防安全教育的新工人，车间可以拒绝接收。

2. 车间级培训教育

新工人到车间（部门）后，还要进行车间级培训教育，介绍本车间的生产特点、具体的安全制度及消防器材分布情况等。教育后同样要在消防安全教育登记卡上登记。

3. 班组级培训教育

班组级消防安全培训教育，主要是结合新工人的具体工种，介绍岗位操作中的防火知识、操作规程及注意事项，以及岗位危险状况紧急处理或应急措施等。对在易燃易爆岗位操作的工人以及特殊工种人员，上岗操作还要先在老工人的监护下进行，在经过一段时间的实习后，经考核确认已具备独立操作的能力时，才可独立操作。

（三）激励教育

在消防安全培训教育中，激励教育是一项不可缺少的教育形式。激励教育有物质激励和精神激励两种，如对在消防安全工作中有突出表现的职工或单位给予表彰或给予一定的物质奖励，而对失职的人员给予批评或扣发奖金、罚款等物质惩罚，并通过公众场合宣布这些奖励或惩罚。这样从正反两方面进行激励，不仅会使有关人员受到物质和精神上的激励，同时对其他同志也有很强的辐射作用。所以激励教育对职工群众是十分必要的。

四、消防安全培训教育的内容

（一）消防安全工作的方针和政策教育

国家制定的消防工作的法律、法规、路线、方针、政策，对现代国家的消防安全管理起着调整、保障、规范和监督作用，是社会长治久安，人民安居乐业的一种保障。消防安全工作，是随着社会经济建设和现代化程度的发展而发展的。“预防为主，防消结合”的消防工作方针以及各项消防安全工作的具体政策，是保障公民生命财产安全、社会秩序安全、经济发展安全、企业生产安全的重要措施。所以，进行消防安全教育，首先应当进行消防工作的方针和政策教育，这是做好消防安全工作的前提。

（二）消防安全法律、法规教育

消防安全法律、法规是人人应该遵守的准则。通过消防安全法律、法规教育，使广大职工群众懂得哪些应该做，应该怎样做；哪些不应该做，为什么不应该做，做了又有什么危害和后果等，从而使各项消防法规得到正确的贯彻执行。针对不同层次、不同类型的培训对象，选择不同法规进行教育。

（三）消防安全科普知识教育

消防安全科普知识，是普通公民都应掌握的消防基础知识，其主要内容应当包括：火灾的危害；生活中燃气、电器防火、灭火的基本方法；日用危险物品使用的防火安全常识；常用电器使用防火安全常识；发生火灾后报警的方法、常见的应急灭火器材的使用，如何自救互救和疏散等。使广大人民群众都懂得这些基本的消防安全科普知识，是有效地控制火灾发生或减少火灾损失的重要基础。

（四）火灾案例教育

人们对火灾危害的认识往往是从火灾事故的教训中得到的，要提高人们的消防安全意识和防火警惕性，火灾案例教育是一种最具说服力的教育方式。通过典型的火灾案例，分析起火原因和成灾原因，使人们意识到日常生活中疏忽就可能酿成火灾，不掌握必要的灭火知识和技能就可能使火灾蔓延，造成更大的生命和财产损失。因此，火灾案例教育可从反面提高人们对防火工作的认识，从中吸取教训，总结经验，采取措施，做好防火工作。

（五）消防安全技能培训

消防安全技能培训主要是对重点岗位操作人员而言的。在一个工业企业单位，要达到生产作业的消防安全，操作人员不仅要掌握消防安全基础知识，而且还应具有防火、灭火的基本技能。如果消防安全教育只是使受教育者拥有消防安全知识，那么还不能完全防止火灾事故的发生。只有操作人员在实践中灵活地运用所掌握的消防知识，并且具有熟练的操作能力和应急处理能力，才能体现消防安全教育的效果。

五、消防安全培训教育的要求

（一）充分重视，定期进行

单位领导要充分认识消防安全培训教育的重要性，并将消防安全培训教育列入工作日程，作为企业文化的一个重要组成部分来抓。制定消防安全培训制度并督促落实。通过多种形式开展经常性的消防安全培训教育，切实提高职工的消防安全意识和消防安全素质。根据国家有关规定，单位应当全员进行消防安全培训，消防安全重点单位对每名员工应当至少每年进行一次消防安全培训，其中公众聚集场所对员工的消防安全培训应当至少每半年进行一次。新上岗和进入新岗位的员工上岗前应再进行消防安全培训。

（二）抓住重点，注重实效

培训的重点是各级、各岗位的消防安全责任人，专、兼职消防安全管理人员；消防控制室的值班人员、重点岗位操作人员；义务消防人员、保安人员；电工、电气焊工、油漆工、仓库管理员、客房服务员；易燃易爆危险品的生产、储存、运输、销售从业人员等重点工种岗位人员，以及其他依照规定应当接受消防安全专门培训的人员。要求根据不同的培训对象，合理选择培训内容，不走过场，注重培训的实际效果。

（三）三级培训，严格执行

要严格执行厂（单位）、车间（部门）、班组（岗位）三级消防安全培训制度。不仅仅是新进厂的职工要经过三级消防安全培训，而且进厂后职工在单位范围内有工作调动时，也要在进入新部门（车间）、新岗位时接受新的消防安全培训。岗位的消防安全培训，应当是经常性的，要不断提高职工预防事故的警惕性和消防安全知识水平。特别是当生产情况发生变化时，更应对操作工人及时进行培训。以适应生产变化的需要。接受过三级消防安全培训的工人，因违章而造成事故的，本人负主要责任；如未对工人进行三级消防安全培训教育，由于不懂消防安全知识而造成事故的，则有关单位的领导要承担主要责任。

（四）消防安全培训教育要有较强的针对性、真实性、知识性、时效性和趣味性

消防安全培训教育同消防安全宣传教育一样，要有较强的针对性、真实性、知识性、时效性和趣味性。尤其是消防安全培训教育内容的选择，一定要具有针对性。要充分考虑培训对象的身份、特点、所在行业、从事的工种等各种情况。同时也要考虑培训的目的、要求、时间、地点等，根据具体的情况，合理选择培训内容和形式，使消防安全培训教育有重点、有针对性地进行。取得良好的培训效果，切实达到培训的目的。

（五）采取不同层次、多种形式进行培训

要根据单位和培训对象的实际情况采取不同层次、多种形式进行培训。对于大中型企业（或单位）的法定代表人，消防控制室操作人员，消防工程的设计、施工人员，消防产品生产、维修人员和易燃易爆危险物品生产、使用、储存、运输、销售的专业人员宜由省一级的消防安全培训机构组织培训；对于一般的企业法定代表人，企业消防安全管理人员，特种行业的电工、焊工等宜分别由省辖市一级的消防安全培训机构或区、县级的消防安全培训机构组织培训；对于机关、团体、企业、事业单位普通职工的消防安全培训，宜由单位的消防安全管理部门组织。培训形式可多种多样，根据具体情况从上述形式中选择。

第三节 消防安全咨询

一、消防咨询的目的与作用

（一）消防咨询可以宣传消防安全知识

群众对消防安全知识的了解大多是通过消防知识短期培训、消防知识讲座、消防安全宣传获得。因此，对有些知识不能很好地掌握，甚至一知半

解。通过消防安全咨询，可使每一个人都能比较全面地掌握消防安全知识，提高群众预防和扑救火灾的能力。另外，消防咨询的主要内容是向广大单位和公民提供有关消防安全的建议、意见、信息和方案。消防救援管理机构和机关、团体、企业、事业单位，要在开展消防宣传教育的活动中，针对不同的单位和个人及本系统的职工提出的不同的安全防范问题，提供有关信息，或提出看法、见解和工作方案，以便单位和公民在消防安全管理和防范、处理火灾事故时，做出正确的决策和采取适当的措施。

（二）消防咨询可以为单位和个人的消防安全问题提供法律依据

消防咨询可以向社会单位和公民宣传和解读我国关于消防安全管理的法律、法规规定。使单位和职工群众自觉地运用法律、法规来解决问题，维护自身的合法权益，并指导他们运用法律找出问题的症结所在，避免用非法手段解决问题。在咨询过程中，消防安全管理人员必须遵守国家的政策和法律规定，做出准确的解答。

（三）消防咨询可以提供消防业务知识

在消防咨询过程中，可根据单位和职工群众的需要，对消防机构管理的消防业务内容，特别是消防机构审批的业务进行解释，告知群众和单位办理哪些事务需要哪些条件、手续，需要经过怎样的程序，多长的时间，并指导他们到具体的消防机构去办理。同时，也可为单位消防安全管理人员提供解决消防安全管理难点问题的方法、火灾隐患整改措施、消防产品性能、质量、使用方法等方面的问题。

二、消防咨询的特征

（一）针对性

消防咨询是消防救援机构监督人员或单位消防安全管理人员对社会组织、公民或职工群众的消防问题进行解答的服务。因此，进行消防咨询服务时，一定要针对询问者提出的问题，结合单位和个人的周围环境及人力、物力、财力等因素，以国家政策和法律的有关规定为依据，经过综合分析后，对问题进行解答。做到所答为所问。切实解决咨询者提出的问题。对于消防安全管理制度、消防安全防范措施及消防设施设置等方面的问题，消防监督机构及单位消防安全管理人员只有针对社会组织和公民现已制定的安全防范措施及消防设施提出建议和意见，才能使之成为十分有效的消防安全防范体系，消除火灾隐患，防止或减少火灾事故的发生。

（二）广泛性

消防咨询的广泛性是指咨询人员的广泛性、询问问题的广泛性和涉及消防知识的广泛性。在消防安全咨询的人员中，有机关、团体、企业、事业单位等社会组织的成员，也有公民个人，因此其成员具有一定的广泛性。同时，询问的问题也具有广泛性，既可能涉及消防安全防范规章制度和国家的法律法规、方针政策，又可能涉及消防产品的性能、规格、使用方法等问题，还可能涉及消防常识、火灾事故的责任认定等问题。咨询问题的广泛性，决定了被咨询人员应具备的消防知识的广泛性，被咨询人员必须具备丰富的消防知识、技能和经验，才能为咨询者做出满意的回答。

（三）复杂性

消防咨询的广泛性决定了消防咨询的复杂性。消防安全咨询者可能来自各行各业、各种层次，所提出的问题也是繁简不一，各种各样。要准确回答这些问题，就需要消防安全管理人员根据单位和公民的需要，依照现行的法律、法规和相关的政策精神，结合自己的实际工作经验，提出建设性的意见和方案。同时又要根据国内外的有关消防安全管理情况，对单位和公民提出的询问进行解答。

（四）指导性

消防咨询是消防管理人员对询问者提出的问题提供解答、解释或提出参考意见。这些解答、解释或参考意见是消防安全管理人员根据国家的政策、法律、法规和自己所拥有的消防知识及经验而提出的，因此，具有一定的指导性。特别是消防知识、防范措施、方法与技巧，多属于咨询者的理解或经验性总结，符合客观情况的建议、意见，对询问者的决策和行动同样具有很大的影响力和权威性。机关、团体、企业、事业单位及职工群众在采纳这些意见和建议时，要结合本单位的实际情况。

三、消防咨询的范围

（一）消防安全常识咨询

消防安全常识咨询是最低层次的消防咨询，也是消防安全宣传教育的特殊形式，对被咨询者的知识水平、技能和经验没有太高的要求，咨询者一般也是普通的群众。咨询的问题涉及消防安全管理的规定，火灾的预防，初期火灾的扑救方法，用火用电用气的安全常识，逃生技巧等方面。这种咨询一般以口头解答为主，以书面解答为辅。在听取询问者叙述的过程中，弄清询问者所问问题的情节和细节，明确询问者的目的和要求，以及与此相关的各种情况，然后有针对性地进行回答。

（二）消防产品咨询

消防产品咨询，主要是指消防监督管理人员或消防技术人员向询问者提供有关消防产品的种类、性能、价格、使用规则及注意事项等方面的信息和情况，便于咨询者准确无误地选择和正确使用消防产品。不同种类的消防产品，有不同的适应范围和工作环境，不能随意乱用。否则会影响使用的效果，甚至造成严重后果，给国家和个人带来巨大损失。消防技术人员只有详细、准确地向询问者介绍消防产品的种类、性能、用途、使用过程中的注意事项等，才能使广大用户了解消防产品的基本特点、工作原理，掌握消防器材的使用方法，准确选择符合实际要求的消防产品。有效地预防或减少火灾损害和及时扑灭火灾。

（三）消防防范措施咨询

消防防范措施咨询，是指消防救援监督机构及消防安全管理人员为了保障单位的生产、科研的安全以及居民生活的安全，维护正常的工作秩序和生活秩序，在各级各类消防管理机构建设、消防安全规章制度制定、消防安全技术措施等方面提出建议和意见，使各单位能够在以上各方面工作中得到正确的指导，更好地完成消防安全管理工作。消除单位内部及居民生活中的不安全因素、减少潜在危险。

消防组织机构包括：单位的保卫组织、安全检查组织、义务消防队等各种组织。消防安全规章制度包括：消防安全责任制度，消防安全培训制度，消防安全检查与防火巡查制度，易燃、易爆、剧毒、放射性物质等危险物品的出入登记和管理制度，用电、用火和用气的管理制度等。

（四）公共消防能力评估和消防规划咨询

消防咨询的最高层次是公共消防能力评估和消防规划咨询。这种咨询可通过有资格的消防技术咨询机构来完成。在公共消防能力建设过程中，如果单纯基于本地区历史火灾情况进行评估或判断公共消防服务需求，可能会忽略尚未发现的风险，将会不利于本地区公共消防能力水平的有效提升。为了能够有的放矢，合理地配置有限的公共消防资源，掌握地区公共消防能力水平信息至关重要。因此可以由有资格的消防技术咨询机构提供的消防能力评估服务，科学合理地判断社区公共消防在预防和控制火灾方面的能力，促进公共消防能力建设与城乡发展相匹配。

消防规划是对城乡消防资源进行时空安排的重要文件，是涉及公共安全的重要专项规划之一，是消防资源投资、建设的基础。因此，消防规划是否科学、是否切合本地实际，是否能够做到与本地社会经济发展相适应，这些都是城乡消防设施建设的重要问题。因此城乡建设管理部门应当在制定规划的过程中，向消防救援机构、设计院等权威部门的权威专家进行咨询，以制定出高质量、高水平的消防设施建设专项规划。

第八章 消防科技在城市消防物联网中的应用

第一节 城市消防物联网体系相关技术及现有技术基础

一、感知层技术

（一）电子标签技术

1. 芯片技术

芯片技术是RFID技术中的一项核心技术，集成了除标签天线及匹配线以外的所有电路，包括射频前端、模拟前端、数字基带和存储器单元等模块。对芯片的基本要求是轻、薄、小、低、廉。目前德州仪器、英特尔、飞利浦、NXP、爱特梅尔等集成电路厂商在开发小体积、微功耗、价格低廉的RFID芯片上取得了出色的成果。如爱特梅尔公司研制的特高频无源标签最小射频输入功率可低至16.7μW，在国内，中国集成电路厂商已能自行研发生产低频、高频频段芯片并接近国际先进水平，上海坤锐公司研制的UHF频段QR系列芯片已经通过EPCglobal官方授权认证。目前芯片技术研究方向包括超低功耗电路、安全与隐私技术、密码功能及实现、低成本芯片设计与制造技术、新型存储技术、防冲突算法及实现技术等。

2. 天线设计技术

RFID标签天线的设计以小型化为发展目标，小型化后的天线带宽和增益特性及交叉极化特性也是重要的研究方向。目前的RFID标签仍然使用片外独立天线，目前正在研究将天线集成在标签芯片上，无须任何外部器件即可进行工作，可使整个标签体积减小，而且简化了标签制作流程，降低了成本。目前天线设计技术包括天线匹配技术、结构优化技术、覆盖多种频段的宽带天线设计、多标签天线优化分布技术、抗金属设计技术、一致性与抗干扰技术等。

3. 封装技术

电子标签的封装主要包括芯片装配、天线制作等主要环节。目前封装技术包括倒装芯片凸点生成、天线印刷等。倒装芯片技术的优点是封装密度较高、具有良好的电和热性能、可靠性好、成本低。天线印刷技术指使用导电油墨印刷标签天线代替传统的腐蚀法制作标签天线，大幅降低了电子标签的制作成本。目前标签封装技术包括低温热压封装工艺、精密机构设计优化、多物理量检测与控制、高精高速运动控制、在线检测技术等。

（二）传感器技术

1. 新材料技术

传感器材料是传感器技术的重要基础。随着材料科学的进步，除了早期使用的材料，如半导体材料、陶瓷材料以外，纳米材料、光导纤维以及超导材料的发展，为传感器技术发展提供物质基础。如美国 NRC 公司已研发纳米 ZrO），气体传感器。采用纳米材料技术有利于传感器向微型化发展。

2. 多功能集成传感器技术

在一块集成传感器上可以同时测量多个被测量称为多功能集成传感器。如国内已经研制硅压阻式复合传感器，可以同时测量温度和压力等。

3. 集成化传感器技术

随着大规模集成电路技术发展和半导体细加工技术的进步，传感器也逐渐采用集成化技术，实现高性能化和小型化。集成温度传感器、集成压力传感器等早已被使用，更多集成传感器正在被开发出来。

4. 智能化传感器技术

智能化传感器是一种带微处理器的传感器。建有检测判断和信息处理能力，如美国霍尼韦尔公司的 ST-3000 型传感器是一种带有微处理器和存储器功能、能够进行检测和信号处理的智能传感器，可测差压、静压及温度等。目前，智能化传感器发展以传感器与人工智能相结合为方向。

（三）视频图像采集技术

1. 高清晰度视频采集技术

图像和视频的清晰度主要取决于摄像机的水平分辨率。随着电荷耦合元件制造工艺的提高，图像采集的性能有了很大的提高，高分辨率成了技术发展趋势的必然。目前高清视频采集技术分为模拟高清、数字高清和专用大像素摄像三个方面。其中模拟高清是指摄像器件水平像素达960点以上；而数字高清要求在垂直和水平方向分辨率较标清均加倍；专用大像素摄像像素通常达到200万、500万甚至更高。

2. 夜视视频图像采集技术

夜视视频图像采集技术主要包括微光夜视技术、雷达技术、红外成像技术等，其中红外成像技术又可分为被动红外技术和主动红外技术。目前夜视视频技术发展迅速，分辨率也日益增高。

二、处理层技术

（一）大数据技术

1. 采集

大数据的采集是指利用多个数据库来接收发自客户端（Web、App或者传感器形式等）的数据，并且用户可以通过这些数据库来进行简单的查询和处理工作。比如，电商会使用传统的关系型数据库MySQL和Oracle等来存储每一笔事务数据。

2. 导入和预处理

虽然采集端本身会有很多数据库，但是如果要对这些海量数据进行有效的分析，还是应该将这些来自前端的数据导入一个集中的大型分布式数据库，或者分布式存储集群，并且可以在导入基础上做一些简单的清洗和预处理工作。也有一些用户会在导入时使用来自Twitter的Storm来对数据进行流式计算，来满足部分业务的实时计算需求。

3. 统计分析

统计与分析主要利用分布式数据库，或者分布式计算集群来对存储于其内的海量数据进行普通的分析和分类汇总等，以满足大多数常见的分析需求，在这方面，一些实时性需求会用到EMC公司的GrenPlum、Oracle的Exadata，以及基于MySQL的列式存储Infobright等，而一些批处理，或者基于半结构化数据的需求可以使用Hadoop。

4. 挖掘

与前面统计和分析过程不同的是，数据挖掘一般没有什么预先设定好的主题，主要是在现有数据上面进行基于各种算法的计算，从而起到预测

（Predict）的效果，从而实现一些高级别数据分析的需求。比较典型的算法有用于聚类的 Kmeans、用于统计学习的 SVM 和用于分类的 NaiveBayes，主要使用的工具有 Hadoop 的 Mahout 等。

（二）云计算技术

1.SaaS

即将应用软件作为服务提供给客户。通过 SaaS 这种模式，用户只要接上网络，并通过浏览器，就能直接使用在云端上运行的应用，而不需考虑安装等问题，并且免去初期高昂的软硬件投入。

2.PaaS

即将一个开发平台作为服务提供给用户。通过 PaaS 这种模式，用户可以在一个包括软件开发工具包（Software Development Kit，SDK）、文档和测试环境等在内的开发平台上方便地编写应用，而且不论是在部署，还是在运行的时候，服务器、操作系统、网络和存储等资源都已经搭建好，这些管理工作由 PaaS 提供商负责处理。

3.laaS

即将虚拟机或者其他资源作为服务提供给用户。通过 laaS 这种模式，用户可以从提供商那里获得他所需要的虚拟机或者存储等资源来装载相关的应用，同时这些基础设施的管理工作将由 laaS 提供商来处理。laaS 能通过这些基础设施对虚拟机支持众多的应用。

（三）视频压缩技术

1.H.264/AVC

H.264/AVC 是目前使用较广的第三代视频编码标准。其根据新时期视频应用要求的变化及软硬件技术水平的提升，在诸多编码技术上进行了创新和改进，从而达到了更高的编码效率。在压缩性能上，H.264 是 MPEG-2 的 2 倍以上，是 MPEG-4 的 1.4 倍以上。除了优异的压缩性能，H.264/AVC 也具有良好的网络亲和力，非常适合 IP 网络传输。我国也开发了拥有自主知识产权的第二代信源编码标准 AVS，AVS 编码效率与 H.264 相当，在编码复杂度方面，AVS 要低于 H.264。

2. 多视角视频编码

随着三维立体视频的产生、发展、普及，多视角视频编码已经被正式接受为 H.264/AVC 的一个重要扩展标准。在 H.264/AVC 现有编码技术的基础上，多视角视频编码引入视角间预测技术。这一技术充分利用了多视角视频的视角间冗余，取得了良好的压缩性能。

3. 可伸缩视频编码

国际视频标准化组织已经将可伸缩视频编码接受为 H.264/AVC 的一个重要的扩展标准。在 H.264/AVC 的基于块的混合编码基础上，可分层视频编解码引入了分层编码技术和可分级 B 帧技术。可伸缩视频编码提供时间、空间和质量三个层面的可伸缩性，可以满足不同应用环境下的视频传输。

三、应用层技术

（一）视频检索技术

1. 基于文字（关键字）的图像检索技术

基于文本（关键字）的视频检索技术工作原理可以简单概括为，对每一幅图像进行关键字的标注，然后通过成熟的文本检索系统来对标注的关键字进行管理和分类，从而达到对图像的管理和检索功能。

2. 基于内容的图像检索技术

基于内容的视频检索技术是一种模糊查询技术，主要是通过视频的视觉特征，如色彩、布局、纹理、形状等以及视频的语义特征，通常表现为特征语义、对象语义和抽象语义，从中提取的特征空间作为比对的基本参照，查询的对象将从特征空间中寻找最符合查询条件的内容和信息。

3. 视频浓缩技术

视频浓缩技术是对视频内容的一个简单概括，以自动或半自动的方式，通过对视频中的运动目标进行算法分析，提取运动目标，然后对各个目标的运动轨迹进行分析，将不同的目标拼接到一个共同的背景场景中，并将它们以某种方式进行组合，生成新的浓缩后视频的一种技术。视频浓缩技术主要有活动目标提取、策略性摘要展示和索引能力三个方面的技术操作。

（二）软件和算法技术

基于感知层采集数据的信息处理和应用集成是城市消防物联网的重要组成部分，其通过获取价值性信息来指导消防物联网更加高效运转。软件和算法关键技术主要包括面向服务的体系架构（Service Oriented Architecture，SOA）和中间件技术，重点包括各种物联网计算系统的感知信息处理、交互与优化软件与算法、物联网计算系统体系结构与软件平台研发等。

（三）信息和隐私安全技术

信息安全和隐私保护是物联网发展中重要的一个环节。物联网发展及技术应用在显著提高经济和社会运行效率的同时，也势必对国家和企业、公民的信息安全和隐私保护问题提出严峻的挑战。安全和隐私技术包括安全体系架构、网络安全技术、“智能物体”的广泛部署对社会生活带来的安全威胁、隐私保护技术、安全管理机制和保证措施等。

与传统网络相比较，由于物联网注重数据的采集和数据分析挖掘，因此物联网所带来的信息安全、数据安全、网络安全、个人隐私等更加突出，同时基于云计算模式的数据私密性、完整性和安全性如何保障都是重要的安全要素。

第二节 城市消防物联网关键技术发展路线图

一、动态判断的视频监控技术

（一）概述

视频监控技术无论从其自身发展的路线来看，还是作为安防、消防领域一种安全防范的有效手段，随着宽带网络的遍及，计算机技术的发展，图像处理理论、技术的提高，视频监控技术由普通的图像捕捉向带有自主判断动态响应的二次发掘发展。发展动态判断的火灾报警、新型消防车道监控、社会消防视频监控处置等，实现消防视频半自动甚至全自动的新一代消防监控体系，向着视频智能化、处置主动化、分析平台化方向发展，是上海消防物联网的有效补充手段。通过消防监控视频的自动判断及自动后续响应，在非人员接触的情况下，自主进行消防行为的纠正和状态的监督。

（二）关键科学技术问题

发展动态判断的消防视频监控技术，必须发展一系列关键科学技术：高清晰图像传感器设计；高集成度传感器设计；低功耗系统、多功能外围接口；新型视频压缩格式研制；视频传输处理技术；智能图像运动检测、识别、跟踪技术；图像分解表达技术；集成功率模块及封装设计工艺；自主判断联动处置平台技术。

（三）不同时间节点的科技目标

1. 近期目标

开发能够满足不同用途和要求的模块化高度集成的图像传感器以及高压缩的智能视频处理格式，今后的图像传感器件以互补金属氧化物半导体（Complementary Metal Oxide Semiconductor，CMOS）等特性新材料为主要发展目标；同时开发新型智能图像监测、分析、表达技术的分析处置技术，从根本上改变视频被动进行分析处理的情况。利用无线通信技术，研发可靠的视频传输技术。通过新材料、新技术、新工艺和新设备的技术突破，生产出消防领域适用的产品级监控设备。

2. 中期目标

消防各领域视频共性技术趋于成熟，抗干扰能力的视频分析技术的完善，图像结构化描述等视频自主判断技术的推广应用，新型高清晰、高压缩的视频监控技术的成熟，电子新材料与新器件及集成技术得到大规模的推广应用，形成完整高效的消防视频监控技术链和产业链。

3. 远期目标

随着消防视频监控动态判断技术的发展，逐步大范围推广新型视频监控平台，并力争全部替代传统视频监控平台，有效降低火灾发生概率、减少消防车道占用次数、督促社会防火等设施的建设及使用、保证消防在岗人员状态。

二、多功能特征识别感知技术

（一）概述

消防领域从防火到灭火救援，充斥着需要进行识别和记录的感知点，尤其在新时期环境下的城市中。尽管已经投入使用了火灾报警系统（Fire Alarm System，FAS）等感知手段，但无论从覆盖范围，还是从功能种类上，都无法满足现实的要求。因此发展符合消防实际需要的不同功能的、针对不同对象特征的感知技术成为消防物联网建设的重点。随着 RFID、传感器、微嵌入、分布式信息处理等技术多学科高度交叉，研究通过各类集成化微型传感器协作地实时监测、感知和采集各种消防设施、装备器材及环境信息或监测对象的信息，通过嵌入式系统对信息进行处理，实现对消防设施、装备器材的位置、状态、数量等多维数据识别、采集、传输、处理。

（二）关键科学技术问题

多功能特征识别感知技术是消防物联网信息采集和数据预处理的基础和核心。要实现物与物之间的感知、识别等功能需要有大量先进技术的支持：感知新材料技术，多功能特征识别感知技术包括新型消防感知及制造技术、普适的微型传感器嵌入技术、智能传感器技术、新型通信格式及安全协议、具有高性能非接触动态组网的射频技术。

（三）不同时间节点的科技目标

1. 近期目标

在现有材料基础上开发小型化、抗氧化、低损耗的传感器材料技术，研究突破基于 RFID 的新型消防感知技术并在消防行业进行应用，开发普适的微型传感器嵌入技术，使消防传感器大规模使用成为可能；以更实用、更可靠、更智能为目标开发先进的传感器通信协议，形成安全控制理论体系；同时强化识别技术传输网络特性，形成更高性能的动态传感网络技术。

2. 中期目标

传感器新型材料进行大规模生产和应用，针对消防不同用途的新型感知节点进入生产示范环节，形成消防感知新技术领域，微型传感器进入实用化，形成具有可扩展的通用通信格式和明确可靠性强的通用安全协议，传感网络得到大规模的应用，逐渐生成层次化的解决方案。

3. 远期目标

随着新型材料的大规模生产应用，多功能特征识别感知技术在消防各领域大规模应用，新型消防认知技术得到广泛认可，实时获取消防供水情况、动态掌握消防车辆位置及车载设备工作情况、精确消防库存等设施的数量及状态，有效保障消防各项工作的有序开展，并为消防救援提供坚实的数据基础，最终形成消防装备设施感知系统。

三、高精度无线定位及状态感知技术

（一）概述

在灭火救援处置中，针对无线定位的应用可以有效提升灾害救援的效率，也可以最大限度地保障建筑物内一线消防员个人安危。随着室内定位技术理论的发展及无线网络的兴起，电子元器件精度的提高，克服定位精度低、实时性差的缺点，发展不依赖于当地网络基础建设、不受建筑物内部复杂环境影响、不干扰消防员工作的高精度无线定位技术。向着人员位置数字化、定位三维化、状态可视化方向发展，是消防现代化作战发展的重要一环。

消防员体征系统，从传统的运动量计算，到实时的体征参数采集，直到新型高精度生命体征状态分析，并进行生命安全、救援状态的研判，已经发生了数次革命性的发展。快速、实时、稳定、简便的体征监测系统是量化消防员训练强度和保障生命安全的最佳方案。

指挥员调度系统兼有室内定位系统与室外定位系统，是较低于一线消防员定位精度的用以指挥调度的综合人员定位系统。通过无线技术手段，便于救援现场人员的快速寻找与科学布置。

（二）关键科学技术问题

为满足应急救援的特殊要求，消防员的位置、状态等信息感知需要以下技术进行支持：基于地磁的三维新型定位技术，并进行高精度独立定位原理和技术的深入研究；心率、呼吸、体温等生命体征的采集研判技术，空呼气余量预估技术；普适的消防人员现场定位技术、人员位置信息分析处理显示技术、适合消防指挥的互动技术。

（三）不同时间节点的科技目标

1. 近期目标

在目前已经使用的无线定位技术上，进行更适合于消防应用的技术突破，同时根据地磁特性研制新型三维定位装置，并进行试用及推广，预先满足处于危险一线消防官兵的人身安全。结合消防使用特点，进一步深入生命体征传感的研制，并在消防训练方面进行试点；开展 GPS、北斗导航系统与地理信息系统的结合定位显示，同时进行普适的消防人员现场定位技术的探索，形成消防人员定位战术新操法。

2. 中期目标

救援现场消防官兵定位的大规模应用，针对高精度独立定位技术的新型定位装置开发进入开发生产，针对消防员救援工作的生命体征及设备采集装置进入工程示范，逐渐增加数字化消防人身保障水平；根据人员位置信息、设备信息而形成适合新形势下消防作战互动指挥方案，使消防指挥更科学、更迅速、更直观。通过大规模的推广应用，形成消防员个人定位及状态感知装备系列标准。

3. 远期目标

随着消防定位装备的大规模应用，新型消防指挥模式得到广泛应用，形成建立在大量实时数据信息上的消防作战指挥体系，同时消防作战人员生命得到有效的保障，完成“向科技寻求战斗力”的重要转变，更好地应对伴随科技发展带来的种种不利于消防的局面，提升了消防工作能力。

四、高速率消防数据通信技术

（一）概述

无论是各类消防视频的采集，消防装备、设施状态的采集，还是消防人员定位、状态的感知，都离不开高速率的数据传输网络。通过高速率的数据传输，才能使消防大量的基础数据在不同平台得到充分的利用。

随着数字通信、芯片 / 材料制造和计算机网络的发展。无线网络通信技术发展迅速，而消防物联网对传输速度、距离、功能的扩充性等方面都有着特殊的要求。高速率的消防数据通信最终形成任何人和物，在任何时间、任何地点，与任何地方的人和物，进行任何形式的信息交互的高度自由的通信网络。

（二）关键科学技术问题

本节涉及的数据通信，不同于传感器网络通信，因此涉及技术点主要有基于有线电缆复用的通信技术、面向广域通信的无线网络通信技术、面向区域通信的无线网络通信技术、针对消防特殊救援环境的特定数据通信专用网络技术、用于跨网络形式的异构网络通信技术、针对大数据量的网络拓扑控制技术。

（三）不同时间节点的科技目标

1. 近期目标

利用较为成熟的各类有线、无线通信技术，针对消防使用特点，进行功能应用技术开发，同时可先借用公用网络，满足消防物联网近期建设对网络的需求。进行基于线缆的复用技术研究，深入更高速度更长距离的电力线路通信研究与推广；针对消防特殊环境的特定数据专用网络技术的突破，建立消防员可靠通信链路，形成产品并初步进行示范应用；开发以不同形式网络交互为目标的异构网络通信技术，同时提高网络接入速率；为满足物联网大数据要求，逐渐推广 IPv6 通信协议。

2. 中期目标

随着新一代无线通信技术的成熟，运用到消防物联网成为可能，提升消防数据无线通信能力；特定的广域及区域通信技术的开发，形成具有稳定传输速率、受环境影响较小的成熟通信设备，并进入应用示范；IP 技术后网络新体系结构形成突破，同时通过数据融合、网络安全、拓扑控制技术的发展，逐渐形成满足各种需求的新型通信网络。

3. 远期目标

高速率消防数据通信技术的大规模推广应用，消防各领域数据得以在不同终端进行处理。有效衔接了前段感知网络与后端处理平台，使消防人员可以在不同的固定、无线平台和跨越不同的频带的网络中使用数据通信，可以在任何地方用宽带接入，使消防物联网真正成为城市安全建设体系中无处不在的可靠保障。

第三节 城市消防物联网部分关键技术应用现状

一、救援人员室内定位技术

（一）总体方案

在一些重大火灾事故中，由于建筑结构复杂、现场环境恶劣、能见度极低，消防员内攻受阻，满足不了应急管理部消防局对灭火救援攻坚组“纵深一百米”的要求。纵深一百米，就意味着攻坚组纵深行动有很长的路要走，既要艰难地深入，又要艰难地返回，进去出来均潜伏着险情的无限变数，救援人员迷失方向，导致战损战伤的案例多次发生。

遵循“救人第一、科学施救”的灭火救援指导思想，这对于应急救援装备提出了更高的要求，研制可用于复杂建筑物内的应急救援人员三维追踪定位系统，具有迫切性和必要性，实现应急救援人员室内外实时追踪定位，为现场救援人员的科学调度和生命安全提供可靠的技术保障。

（二）技术路线

1. 对室内常用无线定位技术进行调研和测试。常用的室内无线定位技术有红外线技术、超声波技术、Wi-Fi 技术、蓝牙技术、ZigBee 技术、RFID

技术以及 UWB 技术等。经过大量的测试和验证后，发现现有的室内定位技术无法满足消防实战需求，必须摒弃现有技术的束缚。

2. 调研国内应急救援实战需求、国外相关领域最新最前沿的技术，把握消防需求，找出适用于消防实战的技术手段。经过查阅大量的国内外资料及论证后，决定采用地磁技术实现三维定位功能。

3. 以地磁场模型为基础，进行定位系统前端硬件开发和算法设计。提高系统抗干扰能力，实现救援人员的三维定位功能。

4. 以实验为基础，建立人员运动分类数据模型，研究人员运动分类数据规律，当救援人员出现异常时（跌倒、坠楼等），系统及时报警。

5. 研究在远距离非视距（Non Line of Sight，NLOS）机动环境下建立有效的无线通信链路。解决高层和地下建筑等室内环境中无线通信屏障问题，实现追踪定位信号的连续稳定传输及通信系统的整体构成。

6. 内置天线设计，采用内置天线设计，无外露部分，有效防止消防员作业时碰剐现象。通过调整整个天线的谐振频率点，调整馈点和接地点之间的距离可以改变整个天线的匹配状况。

7. 在片上系统（System on Chip，SoC）硬件设计方案的基础上，研发外围电路，保证系统可靠性的同时采用嵌入式低功耗设计。

8. 通过大量的系统测试及试用发现或者反馈回信息，不断完善系统性能及功能。

采用双向通信机制，国内首次独立自主研制出消防员三维追踪定位系统，具有完全自主产权，完成了地磁模型理论、人体运动学、脊椎运动多导探测技术、航位推测技术以及无线组网技术的研究。

消防员三维定位系统具有运动姿态识别（静止、步行、跑步、上下楼梯、上下电梯、卧倒、躺倒、左右侧躺、跌落等）、三维运动轨迹实时显示、3D 轨迹回放、电源电量显示和设备高温异常报警等功能，可用于辅助现场指挥人员确定救援人员的位置信息，使现场人员调度更具科学性。在外界环境恶劣而迷失方向时指引消防员返回。当消防员遭遇危险时，现场指挥人员根据消防员的位置信息，及时有效地组织人员进行营救。

该系统先后进行了数千次的实验验证工作，进行了大量模拟火场环境下的实地测试模拟火场环境下，消防员因烟雾太大迷失方向无法正常自主返回，后场指挥人员指引消防队员返回或者根据消防员的行进轨迹、当前的方位信息指派其他队员对其进行营救；模拟当消防员出现异常、需要救援时，根据消防员的行进轨迹、当前的方位信息指派其他队员对其进行营救。经过上百次的模拟火场环境测试，证明了消防员三维追踪定位系统在火场环境下可以发挥其功能。

二、消防预案三维可视化技术

（一）消防安全重点单位三维可视化监督管理系统

消防安全重点单位三维可视化监督管理系统，是基于上海及其下的各区级地图全景系统之上的。在地图上可以看到各消防安全重点单位以及周边道路、周边建筑、水源、消防力量等的标示，并通过点击可以显示所在位置的全景画面。通过全景画面，可以直观地了解当前的道路情况、建筑物周边环境、水源、消防力量等所处位置。

该系统提供了快速、便捷、低成本的消防单位三维可视化制作工具，使得消防安全重点单位所属的消防救援机构可以自行采集、更新、维护自己的周边道路、消防通道、消防设施等消防单元的三维影像，实现防火资料的上传及审核功能等。用户还可以通过消防安全重点单位预案及系统提供的战训功能提升消防官兵实战的作战能力。

（二）消防安全重点单位实景制作

每家消防安全重点单位根据“四个能力”中要求重点关注的重点防火重点部位的标示、内部结构通道标示，按照“季”“月”“周”的时间节点制作实景信息。为每个消防单位提供快速、便捷、低成本的实景制作工具。

（三）上传资料审批

消防安全重点单位可通过查询功能方便地查询到其所关心的业务，并可查看业务的具体办理流程。办理流程包括办事注意事项、办事前提条件、办事所需材料及办事地点时间，确保查询人在阅读完流程介绍后，对整个办事环节可以有一个整体的了解。

消防部门当在网上收到消防安全重点单位上传的三维实景数据及相关信息后，由消防部门派遣消防战士到消防安全重点单位现场进行核查，核查通过的消防安全重点单位由消防部门出具相关证明，并在系统中录入并提交上一级进行审批，并归档于部队。如审批不通过单位，返回其单位进行整改。

（四）消防安全重点单位资料管理

对所有消防安全重点单位上传的文字、图片、视频等信息资料进行保存、汇总、分析等管理，通过 360° 的三维全景结合消防安全重点单位提供的规划图、文本资料等信息，及时记录反映其消防安全重点单位在各个时期内的消防工作进展情况。

（五）消防安全重点单位预案

消防安全重点单位及周边查询包括“消防安全重点单位地图的定位”“水源的定位”等，即通过在不同的地图上选择某个消防安全重点单位，可以查看其位置及周边消防力量、水源情况、道路情况，分别在地图上显示其分布情况。

（六）消防安全重点单位战训

战训主要是为了让战士清楚地了解各种火灾预案及消防安全重点单位的内部结构情况、重点部位情况、消防水源的位置、疏散通道的方向，让消防官兵不用到现场就能对消防安全重点单位有深入的了解。

三、消防视频传输技术

由于消防侦察救援的环境复杂，又需要可靠的通信图像、语音等多种信息，因此消防环境的无线通信需要有更好的适应能力。消防环境下的无线通信首先要保证有较高的带宽传输数据，又有较好的绕射、穿透能力，同时也有一个合适的功率。通过多种通信方案的测试比较，消防单兵侦察系统采用基于消防专用频段的高带宽点对多点无线数字通信和基于城市网络的无线数字通信两种方案进行消防环境下的无线数字通信。

可伸缩视频编码是 H-264/AVC 的标准的扩展。随着科学技术的发展，视频传输、存储系统和计算能力的不同，比特流需要能够适应用户的不同需要和爱好、终端能力和网络状况。可伸缩视频编码可以传输和解码部分比特流以提供更低时间、空间和质量同时保持相对于部分比特流较高重建质量。

在复杂火场环境下，实现火灾现场采集图像能够远程实时传输，是对灾害现场进行应急救援和监控的必要手段。应用远程图像传输技术对火灾现场情况进行真实的反映，可以使消防人员及时了解重大火灾以及突发事件的现场实况，对现场情况做出准确分析和判断，进而进行实时消防处理，使我消防人员的快速反应能力、指挥能力和突发事件的处置能力大大提高。

可伸缩编码技术针对不同带宽网络和不同终端提供 384 kbps ~ 20 Mbps 极其灵活的码率输出，而无线信道的带宽由于空间位置差异、运动状态变化等，带宽波动范围极大。通过将信道状态实时地反馈给可伸缩编码器，可以实现灵活的码率输出，实现输出码率与信道带宽的完美匹配。同时，随着信道带宽和输出码率的变化，终端的视频也在不断变化。若可伸缩编码器为时域伸缩，则无线信道带宽与视频帧率成正比，带宽越宽，帧率越高；若可伸缩编码器为空域伸缩，则无线信道带宽与视频分辨率成正比，带宽越宽，图像分辨率越高；若可伸缩编码器为质量伸缩，则无线信道带宽与视频质量成正比，带宽越宽，视频质量越高。

四、消防单兵图侦技术

（一）总体方案

1. 高级加密标准（Advanced Encryption Standard，AES）解密后，采用传输流（Transport Stream，TS）流解复用技术，通过数据线可以在本地进行计算机或消防通信指挥车载计算机显示。

2.AES 解密后，采用 TS 流解复用技术，再对数据进行 MPEG-4 解压缩，数模变换后的模拟视频可以在手持接收机、消防指挥车载显示器进行显示。

3. 通过 IP 打包模块，对数据进行打包处理，通过以太网，将视频信息通过 IP 网络传输至消防指挥中心计算机进行显示，通过计算机软件完成 AES 解密、解压。

（二）技术路线

1. 多载波传输系统

多载波传输通过把数据流分解为若干个子比特流，这样每个子数据流将具有低得多的比特速率，用这样的低比特率形成的低速率多状态符号再去调制相应的子载波，从而构成多个低速率符号并行发送的传输系统。在单载波系统中，一次衰落或者干扰就可以导致整个链路实效，但是在多载波系统中，某一时刻只会有少部分的子信道会受到深衰落的影响。多载波传输技术 OFDM 中各子载波保持相互正交，各子载波有 1/2 的重叠，但保持相互正交，在接收端通过相关解调技术分离出来，避免使用滤波器组，同时使频谱效率提高近 1 倍。

2. 无线通信调制解调技术

数字调制技术是无线通信空中接口的重要组成部分，调制的目的是为了信号特性与信道特征相匹配。一般的数字调制技术包括幅度键控（Amplitude Shift Keying，ASK）、相移键控（Phase Shift Keying，PSK）和频移键控（Frequency Shift Keying，FSK），这些基本的调制技术由于传输效率低无法满足移动通信的要求。为此，需要专门研究一些抗干扰性能强、抗误码性能好、频谱利用率高的调制技术，尽可能提高单位频带内传输数据的比特速率，以满足应急通信的应用要求。目前广为采用的有二相调制（Binary Phase Shift Keying，BPSK）、四相调制（Quadrature Phase Shift Keying，QPSK）、正交调幅（Quadrature Amplitude Modulation，QAM）、最小频移键控（Minimum Shift Keying，MSK）以及高斯最小频移键控（Gaussian Filtered Minimum Shift Keying，GMSK）等方式。复杂的调制技术可以提供更高的比特率，但相应调制和解调的设备也会更加复杂。

3. 视频图像解调技术

视频图像编码的基本思想是通过预测、变换以及统计编码来有效地去除视频图像序列中存在的冗余信息，达到压缩数据量的目的。序列中存在的冗余主要有时间冗余、空间冗余、统计冗余以及视觉冗余。时间和空间冗余属于时变序列的主要特征冗余，可以通过预测编码和变换编码来有效地去除；统计冗余则属于有限集合上的随机符号序列间存在的冗余，可以根据 Shannon 信源编码理论来有效去除这些冗余；视觉冗余是由人眼视觉特性决定的，鉴于人眼对视频中的高频分量敏感度低于对其他部分的敏感度，可以通过量化编码的方式来降低编码数据的能力，实现数据的有失真压缩。

4. 抗衰落技术

无线通信相比有线通信而言，最基本的不同在于无线信道的传播条件更为复杂和恶劣。要在这样的传播条件下保持可以接受的传输质量，就必须采用各种措施来抵消信道衰落的不利影响，这就是抗衰落技术，包括分集、扩频 / 跳频、均衡、交织和纠错编码等。此外，信号的调制方式对信道衰落也要有一定的适应能力。在抗衰落技术中一个重要的设计理念就是增加一定的系统冗余度来实现可靠传输，比如分集发送 / 接收技术、扩频技术和纠错编码技术等；另外一个设计思想是根据无线信道的传输特点来建立相应的信道模型，在模型的基础上对信道衰落进行补偿（如均衡技术和交织技术等）。

5. 容错技术

容错技术作为无线视频传输中一个必不可少的部分，渗透于无线通信系统设计的各个部分，包括视频信源编解码、信道编解码、调制技术和传输控制技术等。容错技术的基本原理是利用冗余来实现信息的可靠接收，这些冗余包括人为引入的纠错编码冗余、信源编码残留冗余、信道模型冗余和先验冗余。为了克服传输中的误码（突发的和随机的），一种常规的做法是在数据中引入冗余校验，比如奇偶校验码、分组码、卷积码和Turbo码等。此外，还可以把调制和编码联合起来进行整体设计而得到格型码（Trelis Coded Modulation，TCM），由于信源本身的复杂性以及编码器计算复杂度的限制，使得经过编码压缩后的码流仍然存在着一定的冗余，在解码端采取一定技术对这些残留的冗余进行利用，也可以起到容错的作用。无线信道通常表现为一个有记忆的传输系统，这种特点也有助于解码端的容错机制设计。最后，由于视频本身存在较强的时空相关性，接收端在无法避免错误的情况下可以利用这种先验知识来进行错误恢复。

6.OFDM 技术

OFDM是一种无线环境下的高速传输技术，该技术的基本原理是将高速串行数据变换成多路相对低速的并行数据并对不同的载波进行调制。这种并行传输体制大大扩展了符号的脉冲宽度，提高了抗多径衰落的性能。传统的频分复用方法中各个子载波的频谱是互不重叠的，需要使用大量的发送滤波器和接受滤波器，这样就大大增加了系统的复杂度和成本。同时，为了减小各个子载波间的相互串扰，各子载波间必须保持足够的频率间隔，这样会降低系统的频率利用率。而现代OFDM系统采用数字信号处理技术，各子载波的产生和接收都由数字信号处理算法完成，极大地简化了系统的结构。同时为了提高频谱利用率，使各子载波上的频谱相互重叠，但这些频谱在整个符号周期内满足正交性，从而保证接收端能够不失真地复原信号。

7. 频谱检测技术

感知无线电通信的一个重要前提是频谱探测能力。感知无线电技术能够感知并分析特定区域的频段，找出适合通信的“频谱空洞”，利用某些特定的技术和处理，在不影响第一用户通信网络系统的前提下进行工作。因而为了在某个地域上应用感知无线电技术，最先进行的工作是对该地无线信道环境的感知，即频谱检测和“空洞”搜寻与判定。

8. 自适应频谱资源分配技术

为了解决频谱资源的日益紧张和目前固定分配频谱利用率较低的矛盾，就要求找到更有效的方法来充分感知和利用无线频谱资源。基本途径有两条：其一，提高频谱利用率，将已授权用户的频谱资源充分利用，减少浪费；其二，提高系统通信效率，将已获得的频率资源和其他资源综合优化分配，进而提高利用率。由于 OFDM 系统是目前公认的比较容易实现频谱资源控制的传输方式，该调制方式可以通过频率的组合或裁剪实现频谱资源的充分利用，可以灵活控制和分配频谱、时间、功率、空间等资源，自适应频谱资源分配的关键技术主要有载波分配技术、子载波功率控制技术、复合自适应传输技术。

9. 载波分配技术

感知无线电具有感知无线环境的能力。通过对干扰温度的测量，可以确定“频谱空洞”，子载波分配就是根据用户的业务和服务质量要求，分配一定数量的频率资源。检测到的“空洞”资源是不确定的，带有一定的随机性。OFDM 系统具有裁剪功能，通过子载波（子带）的分配，将一些不规律和不连续的频谱资源进行整合，按照一定的公平原则将频谱资源分配给不同的用户，实现资源的合理分配和利用。

10. 子载波功率控制技术

感知无线电中利用已授权频谱资源的前提是不影响授权用户的正常通信。为此，非授权用户必须控制其发射功率，避免给其他授权用户造成干扰。功率控制算法在经典的“注水”算法的基础上，有一系列的派生算法。这些算法追求的是功率控制的完备性和收敛性，既要不造成干扰又要使感知无线电有较好的通过率，且达到实时性的要求。事实上功率控制算法和子载波分配算法是密不可分的。这是因为在判断某子载波是否可以使用时，就要对其历史（授权状况）和现状（空间距离、衰落）做出判断，同时还需要计算出可分配的功率大小。复合自适应传输技术将 OFDM 和感知无线电思想以及一系列自适应传输技术结合，从而达到无线电资源的合理分配和充分利用。为了寻求保证服务质量和最大通过率下的最佳工作状态，需综合应用动态子载波分配技术、自适应子载波的功率分配技术、自适应调制解调技术以及自适应编码技术等一系列自适应技术，形成优化的自适应算法。根据子载波的干扰温度，通过自适应地调整通信终端的工作参数，从而达到最佳工作状态。设计合理的自适应传输技术可以大幅提高频谱资源利用率和通信性能。

五、基于卫星导航的消防车辆 GIS 定位技术

（一）总体方案

消防车辆监控管理系统由车载单元（车载卫星导航终端）、监控中心（客户端）和中心服务器（服务器端软件和数据库）组成。消防车辆上配置的车载卫星导航模块不断接收卫星数据，并通过 GPRS 无线通信方式和互联网网络将数据传输到后端中心服务器。服务器端软件对数据进行分析处理后存储到数据库中，监控中心通过 Web Service 对数据库进行访问，再由 GIS 平台显示数据。同时服务器端软件也可以将相应的指令信息发送到车载终端，实现消防车辆的监控管理。

（二）系统组成

1. 车载单元

车载单元由基于 ARM9 的嵌入式系统、GPRS 模块、卫星导航模块、液晶显示屏和键盘形成的人机交互单元组成。车载终端还可以通过专用的通用输入 / 输出 General Purpose Input Output，GPIO）接口与外部传感器模块连接，以获取的各种状态数据。ARM 处理器控制 GPRS 模块，接入移动公司的 GPRS 网络，再连接到计算机监控中心，从而实现远程数据无线传输功能。卫星导航模块将接收的数据通过串口传送到主控芯片进行预处理。Flash 存储器存放应用程序和嵌入式操作系统；LCD 液晶显示屏用于显示系统信息和相关指令代码。

2. 监控中心

监控中心从结构上可以分为 GIS 模块、数据库信息管理模块和客户端通信模块。GIS 模块为调度指挥人员提供一系列操作电子地图的功能，同时负责车辆信息的实时显示、跟踪和电子围栏区域显示；数据库信息管理模块完成数据库的信息管理功能，同时为调度人员提供系统运行环境设置、系统登录、数据备份、数据恢复、权限分配、日志查询等功能；客户端通信模块完成车辆的远程控制、实时调度，以及报警提示、确认、取消、越界处理等

功能。

3. 中心服务器

系统设计基于微软 SQL Server，用户可以通过表来访问数据。中心服务器是整个系统的中枢，是车辆和监控中心进行互联的桥梁，由服务器软件和服务器数据库构成，其中软件负责接收、解析、存储和发送信息。经过分析处理后的车辆信息或中心命令分别存储在数据库中，由监控中心进行访问或由服务器发送给相应的车载单元。

六、火场音视频信息实时取证技术

（一）总体方案

应急人员现场音视频“黑匣子”，可以供普通消防战士在处置消防应急救援时使用，通过自动摄录，记录救援处置时所面临的全部情况，同时音视频信息自动进行压缩、分段和存储，便于消防处置结束后进行整理回放。相比传统的记录方式，该系统更有说服力和可信度。

鉴于应急救援人员现场音视频的需求，该系统所设计的主要功能是在解放消防员双手的前提下，为每一个佩戴的消防官兵自动录制视频图像，为消防救援现场情况、处置评价和消防救援评估提供可靠的视频数据信息。同时在满足消防实际应用需要的前提下，保证系统的工作性能、使用时间及经济性能等附加要求。因此，本系统采用了将前端视频采集传输模块与后端数据显示储存模块独立分为两部分的设计方案，通过 Wi-Fi 点对点方式使两模块进行数据的传输连接。后端数据显示储存模块采用了以目前广泛使用的谷歌安卓操作系统和苹果 IOS 操作系统的智能终端为硬件基础，配以对应的专用显示存储软件，实现图像视频的显示与存储。前端视频采集传输模块实现现场音视频的采集，并传输至后端数据显示存储模块。

（二）系统组成

前端视频采集传输模块按功能划分为五大模块，即主控模块、采集模块、通信模块、辅助模块、电源模块。主控模块具有进行音视频采样压缩处理能力，并完成与通信模块之间的数据传输；采集模块负责将图像及声音信息由光、波信号转为数字信号；通信模块将音视频数据流以特定的格式传输到后端模块，本模块具有无线接入点（Access Point，AP）功能；辅助模块是提供系统状态显示及电源开关控制；电源模块提供系统所需的电源。

（三）系统优势

该系统的设计在实际应用中具有以下几个优点：

1. 实现了消防员单兵本地的图像显示功能

使音视频黑匣子系统不但具有视频记录功能，还通过本地显示从而有针对性地对现场信息拍摄采集、场景录制，使本系统可应用到日常实地监督检查、灾害现场受难人员救助等消防多种实际场合。

2. 有效提供数据的接入功能

本系统具有良好的开放性，可以进一步进行功能的完善和扩展，同时可以与其他消防系统数据连接。本系统的视频音频数据流及文件满足标准的格式，可在标准的播放器播放和保存。

3. 有效提升消防救援机构使用便利性

本系统采用 Wi-Fi 无线通信方式，不受布线的限制，设备可以任意架设和调整，便于消防员的使用操作。系统整体采用低功耗设计，通过电池供电就可以完成视频的采集。

4. 有效降低了使用成本

本系统的设计将显示存储部分分离到独立的智能终端。通过模块化的设计，使系统便于维护，同时减少了主要的硬件费用，因此本系统能够更好地向基层消防官兵推广。

七、消防员生命体征传感监控技术

（一）总体方案

应急救援人员现场信息无线传感网络系统装备属于消防单兵装备领域。系统可包括生命体征信息、装备器材工况信息、环境信息和现场辅助信息等多种信息。

根据需求调研情况进行了总体方案设计，生命体征采集单元由心率和体温传感器、信息采集处理模块、传输节点和现场通信显示装置组成；装备器材工况信息采集单元由加装式空呼器余量显示系统、信息采集处理模块、传输节点、空呼面罩抬头显示（Head Up Display，HUD）系统组成，同时具备现场通信功能；环境类信息采集单元，主要是采集环境温度信息，在消防员必配呼救器装备中附加温度传感器，这样仅仅增加了少量的硬件成本，而不必额外增加装备数量；现场辅助类信息采集单元，添加了音视频现场记录功能、持续作战时间、危险报警和撤退命令接收功能，其主要硬件单元也是在消防员呼救器装备中进行改造添加，同时消防员呼叫器装备在体域网中又担任汇聚节点的角色，负责体域网各节点的管理，把体域各节点采集信息传输到现场指挥处理端。

（二）系统构成

由于消防作业的特殊性，在诸多限制条件下又要求路由协议须满足较高能量有效性、较低的计算复杂度以及节点之间负荷尽可能均匀的要求，以延长网络生存周期，最终消防体域网拓扑采用星型结构。网络拓扑结构简单，灵活扩展，维护方便，操作简捷。消防体域网主要包括三个部分：分布式传感节点（Node）、汇聚节点（Sink）、可抛弃型中继及现场接收指挥端。智能集分式呼救器除了进行本地信息收集和数据处理外，还要对其他节点转发来的数据进行存储、管理和融合处理，并把收集的数据转发到外部网络上。同时与其他节点协作完成一些特定任务，如组建网络、分配网络地址等。

为了满足体域网数据现场传输需求，在消防员呼救器装备中又添加了协议转换模块和 433 MHz 跳频传输模块，使其具备远距离数据传输功能。目前，国内高层、地铁和大型商场建筑日益增多，为了更好地满足消防恶劣情况下的通信需求，设计了两级中继组网通信模式，组网方式灵活，通信能力强。

第四节　目前城市消防物联网关键技术研发重点

一、面向火灾高危单位的图像探测报警系统

（一）研究目标

以提高城市火灾高危单位（人员密集场所、易燃易爆单位、高层建筑、地下公共建筑）消防监督管理水平为目标，针对火灾高危单位消防车道、疏散通道、紧急出口被占用堵塞，防火门被违规启闭等存在的巨大安全隐患，利用现有的安防视频监控设备，结合视频结构化技术，研制用于火灾高危单位的图像探测报警系统，通过视频比对等方式，实现对消防年车道、疏散通道、紧急出口、防火门等的自动视频监控报警，降低目前物业监管和防火监督难度，能更为迅速地发现安全隐患，及时整改和处置，为火灾高危单位的

日常监管提供有效技术手段，进而提高火灾高危单位的安全能力。

（二）需开启的研究任务

1. 消防和安防图像探测系统核心构架一体化研究；

2. 非结构化视频图像数据管理技术研究；

3. 视频图像语义检索技术研究；

4. 监控视频图像理解、描述技术研究；

5. 消防视频图像监控知识数据库的研制；

6. 火灾高危单位视频图像探测报警平台研制。

二、灭火器全生命周期感知与管理系统

（一）研究目标

为提高对灭火器的管理，针对现有灭火器生产阶段质量假冒伪劣、超期使用、后续无资质充装、维护保养不到位等突出问题，利用 RFID 技术，建立灭火器全生命周期感知与管理系统，制定灭火器电子标志编码标准，通过唯一性标志对灭火器进行有效管理，构建灭火器溯源体系，有效提高灭火器生产、充装、检验、配送、采购、维保管理水平。

（二）需开启的研究任务

1. 符合灭火器使用特性的专用电子标签研究；

2. 消防便携式移动智能读写终端及后端应用环境软件研究；

3. 应用系统和数据库数据同步及通信安全机制研究；

4. 灭火器电子标志统一编码标准研究；

5. 灭火器全生命周期感知与管理平台建设，包括数据中心平台，信息服务平台，电子标签签发子平台，灭火器生产、充装、检验、配送、采购、维保等相关数据采集与交换子平台的建设；

6. 灭火器电子标签、安全监管系统数据元以及数据通信接口等技术规范研究。

三、消防指战员通信与身份识别管理用智能手表

（一）研究目标

为提高对消防员战备和救援现场的有效管理，针对目前对消防员平时人工监管、出战情况更新不及时、进入火场人工记录、救援现场参战人员人

工清点等费时费力等情况，研制基于 RFID 的智能手表，开发消防员信息监控系统，及时掌握消防指战员的备勤和战斗情况，实现消防人员的数字化管理。为灭火救援行动的有效展开提供可靠的人员信息数据，增强对消防员掌控能力，使消防救援机构能够快速掌握灾害现场参战人员的数量等情况，制定有针对性的人员力量布置方案；同时手表具有手机和电话等相关功能，在救援现场使用更便捷。

（二）需开启的研究任务

1. 消防指战员手表模块研发；

2. 消防指战员电子标志编码研究；

3. 消防员专用电子标签研制；

4. 支持现场快速使用的便携式前端读写及显示装置研制；

5. 消防员管理数据平台研制。

四、消防物联网感知信息数据共性访问平台

（一）研究目标

针对现有消防感知数据比较分散、孤立，缺乏对各类消防信息数据共享与深入挖掘，数据利用效率较低的现状，通过建设消防物联网感知信息数据共性访问平台，为现有或将要部署的消防感知设备信息（火灾自动报警系统、自动喷水灭火系统、最不利点水压感知系统、建筑三维图纸、消防安全重点单位预案信息、市政道路 / 市政消火栓分布信息，及本课题陆续开发和研制的各类消防感知装备信息等）提供兼容的规则接口进行封装、接入而无须进行传感器更换，将原有各自独立的消防信息数据在统一平台上进行调用、处理、查询，实现不同消防感知信息数据源交换访问的可用、可信、可靠、可管，通过向政府部门和社会单位提供安全认证、机构注册、信息源注册、检索、组合等多项共性服务，为相关部门科学决策（消防安全信息异动监控、消防感知数据安全交互和共享）提供关键技术支撑，并为后期开发各类消防信息门户、集成应用、数据挖掘、决策支持、市民消防服务等应用提供权威的数据来源。

（二）需开启的研究任务

1. 消防物联网感知信息数据共性访问平台注册体系研究；

2. 消防物联网感知信息数据共性访问平台信息源协同访问体系研究；

3. 消防物联网感知信息数据共性访问平台研制。

五、消防站典型应急救援装备电子标志管理系统

（一）研究目标

针对消防站典型应急救援装备器材（破拆工具、生命探测仪、消防机器人等）管理，从平时训练、战时调度及保障保养的现实需求出发，通过技术攻关和技术融合，构建针对典型应急救援装备的电子标志编码标准，最终建立动态管理平台，实现对典型应急救援装备的实时动态监控，为全面提升应急救援装备器材的使用、管理和维护保养提供重要技术支撑。

（二）需开启的研究任务

1. 电子标签及读写器技术的优化（抗金属、防频偏、防转移）研究；
2. 典型消防装备器材电子标志编码研究；
3. 应用程序、读写器和中间件之间的软件接口研究；
4. 典型应急救援装备管理平台构建和网络架构研究。

六、消防水源信息感知系统

（一）研究目标

针对目前天然水源水位、消防车辆停靠人工监测、消防水箱水量不清和市政消火栓压力无法精确获取等情况，通过研制低功耗的信息传感装置，精确掌握天然水源、人工水源及市政消火栓关键数据，实现消防水源的数字化管理，为灭火救援行动的展开提供可靠的信息数据，增强消防信息掌控能力，使现场消防队伍能够快速制订有针对性的供水方案，同时可用于消防水源的日常维护管理，提高工作效率。

（二）需开启的研究任务

1. 天然水源取水点（取水码头、停车位、水位）监控与信息采集装置研制；
2. 市政消火栓消防信息采集装置研制；
3. 人工水源信息采集装置研制；
4. 消防水源数据监控平台研制。

七、特种场所的特定人群位置与分布感知管理系统

（一）研究目标

针对特种场所的特定人群（医院、学校、养老院、残障基地、重大活

动现场、特种实验室、涉密场所、监狱、看守所等）位置与分布的日常动态管理、应急疏散时快速定位与搜救的需求，通过研制人员定位信息采集装置，通过基于 RFID 的人员定位技术，实现特定人群所处位置信息快速采集和数字化整合，为特种场所的特定人群日常分布管理，也为消防救援机构更高效地定向引导救援提供技术保障和业务支撑。

（二）需开启的研究任务

1. 基于 TDOA 算法的特种场所特定人员定位技术研究；
2. 特种场所的特定人群位置与分布感知管理平台研究；
3. 定位与监控通用协议研究；
4. 特定场所定位与监控装置研究。

八、消防车辆装备电子标志管理系统

（一）研究目标

以提高对消防车辆装备管理为目标，运用物联网技术对消防车辆的进出库和行驶情况等方面进行监控，实现对消防车辆的多参数动态管理；通过消防车辆总线系统或在重点部位设置传感器对消防车辆关键参数进行采集，实现消防车辆工况状态的准确显示实时动态掌握所有消防车辆正常运转的关键参数；将车辆功能性能参数电子化，保证在任何情况下都能够快速地读取有效的信息。最终实现对消防车辆位置、运行状态、技术参数等相关数据的动态掌握，为科学的指挥调度、动态管理提供支持

（二）需开启的研究任务

1. 消防装备车辆关键状态数据分类研究；
2. 基于传感技术的车辆重点部位关键状态采集技术研究；
3. 基于卫星定位系统的车辆战勤保障平台的建立；
4. 基于消防车辆装备工况采集及传输装置的研制；
5. 相关系统采集信息与 GIS 系统的接入标准研究。

九、社会单位建筑消防设施关键监控点感知系统

（一）研究目标

以提高社会单位消防监督管理水平和应急响应能力为目标，针对社会单位内的各种建筑消防设施关键监控点（排烟送风口风压、最不利点水压等）

的日常监督管理需求，为改变传统的人工近距离手动采集手段存在采集效率低下、操作复杂、测量数据结果受人为因素影响大等的不足，利用传感技术、物联网技术，实现对消防设施关键监控点监管信息的远程、动态、可靠采集，保障社会单位对消防设施监控点日常检查的可靠性，进而使消防救援机构在应急处置时，能够快速、可靠地掌握建筑消防设施的关键工况信息，为消防部门与社会单位消防安全员有效监管相关建筑消防设施可靠性提供科学手段和有效支撑。

（二）需开启的研究任务

1. 社会单位建筑消防设施关键监控点感知关键状态数据的分类研究；

2. 基于传感器的社会单位建筑消防设施关键状态感知技术的研究；

3. 面向社会单位建筑消防设施状态远程感知平台框架的搭建；

4. 开发便携式远程协同处置终端。

十、消防员个人防护装备电子标志管理系统

（一）研究目标

为了使消防救援机构个人装备使用和管理更加科学，利用基于 RFID 的数字化电子标签，对躯体防护、呼吸防护和随身佩戴的其他个人防护装备的使用情况、维护状态等信息进行有效采集，实现消防员个人装备生产厂商、投入使用年限、维保情况、规定报废年限、呼吸器的充装次数等关键信息的科学记录管理，确保个人防护装备在其使用期限内使用，最大限度地确保消防一线战斗员的火场人身安全。

（二）需开启的研究任务

1. 电子标签及读写器技术的优化（防金属、防频偏、防转移）研究；

2. 消防员个人防护装备电子标志编码研究；

3. 应用程序、读写器和中间件之间的软件接口研究；

4. 消防员个人防护装备管理平台构建和网络架构研究。

参考文献

[1] 陈长坤 . 消防工程导论 [M]. 北京：机械工业出版社，2019.

[2] 胡林芳 . 建筑消防工程设计 [M]. 哈尔滨：哈尔滨工程大学出版社，2017.

[3] 伍培 . 李仕友 . 建筑给排水与消防工程 [M]. 武汉：华中科技大学出版社，2017.

[4] 何以申 . 建筑消防给水和自喷灭火系统应用技术分析 [M]. 上海：同济大学出版社，2019.

[5] 殷乾亮，李明，周早弘 . 建筑消防与逃生 [M]. 上海：复旦大学出版社，2019.

[6] 陶昆 . 建筑消防安全 [M]. 北京：机械工业出版社，2019.

[7] 张永根，朱磊 . 建筑消防概论 [M]. 南京：南京大学出版社，2018.

[8] 徐志嫱，李梅，孙小虎 . 建筑消防工程 [M]. 北京：中国建筑工业出版社，2018.

[9] 熊新国 . 智能建筑消防与安防 [M]. 北京：科学出版社，2018.

[10] 程琼 . 智能建筑消防系统 [M]. 北京：电子工业出版社，2018.

[11] 马成勋 . 建筑消防系统施工与设计 [M]. 合肥：合肥工业大学出版社，2018.

[12] 张建辉 . 建筑消防控制系统安装与调试 [M]. 广州：广州出版社，2018.

[13] 傅英栋 . 建筑消防设施综合分析与拓展 [M]. 郑州：河南人民出版社，2018.

[14] 李斌，崔勇 . 高层建筑消防安全管理指南 [M]. 合肥：安徽科学技术出版社，2018.

[15] 王娅娜 . 智能建筑消防系统安装与调试工作页 [M]. 北京：中国劳动社会保障出版社，2018.

[16] 晓筑 . 建筑杂水及消防知识详解 [M]. 上海：上海科学普及出版社，2018.

[17] 周俊良，陈松 . 消防应急救援指挥 [M]. 徐州：中国矿业大学出版社，2018.

[18] 胡林芳 . 建筑消防工程设计 [M]. 哈尔滨：哈尔滨工程大学出版社，2017.

[19] 孙楠楠 . 大空间建筑消防安全技术与设计方法 [M]. 天津：天津大学出版社，2017.

[20] 魏立明，孙萍 . 建筑消防与安防技术 [M]. 北京：机械工业出版社，2017.

[21] 李亚峰，马学文 . 陈立杰 . 建筑消防技术与设计第 2 版 [M]. 北京：化学工业出版社，2017.

[22] 潘峰 . 建筑消防工程技术研究 [M]. 北京：原子能出版社，2017.

[23] 孙红梅 . 建筑消防给水系统项目应用教程 [M]. 沈阳：辽宁教育出版社，2017.

[25] 蒙慧玲 . 古建筑消防安全保护技术 [M]. 北京：化学工业出版社，2017.

[26] 郭增辉，余广鸮，普東，陈硕 . 建筑工程消防百问 [M]. 北京：中国建筑工业出版社，2017.

[27] 路长 . 消防安全技术与管理 [M]. 北京：地质出版社，2017.

[28] 曾虹，殷勇 . 建筑工程安全管理 [M]. 重庆：重庆大学出版社，2017.

[29] 孙丽 . 消防安全及常见火灾预案知识手册 [M]. 北京：中国环境科学出版社，2018.

[30] 任清杰 . 消防安全保卫 [M]. 西安：西北工业大学出版社，2018.